つくってマスターPython

機械学習・Webアプリケーション・スクレイピング・文書処理ができる!

掌田津耶乃

技術評論社

はじめに

「Pythonを学びたい」と思う人は多いでしょう。人気の言語で、これさえ学べばいろいろできると話題です。

ただ、具体的に何を学べばどんなことができるのか、イメージできないでいる人も多いはずです。この本では、Pythonを使ってどんなことができるのか、さまざまな用途についてその基本をまとめました。環境構築、Pythonプログラミング基礎、ライブラリ基礎、文書処理、Webスクレイピング、Webアプリケーション、機械学習を解説していきます。

本書ではPythonで用途に応じて実践的なプログラムを動かすことを主題としています。Python自体の説明やプログラミングの考え方そのものの解説にはそれほどページを割いていないので、そういった点をもっと知りたければPythonの文法入門書などを読むといいでしょう。

「Pythonプログラムの基本はこの本でだいたいわかった」「Pythonの基本ぐらいはわかる」という方は、3章以降興味を持った章から読みすすめましょう。それぞれの章はほぼ独立していますので、最初から通して読む必要はありません。

好きなところから好きなだけ読んで楽しんでください。

掌田津耶乃

つくってマスターPython
機械学習・Webアプリケーション・スクレイピング・文書処理ができる!

目次

Chapter 7 機械学習を体験する

●サンプルダウンロード

下記よりファイルをダウンロード・展開してください。

https://gihyo.jp/book/2019/978-4-297-11034-5/support

Chapter

1

Pythonをはじめよう

まずは、Pythonを使えるように準備しましょう。ここではAnacondaというディストリビューション（配布の一形態）を使います。これをインストールし、用意されている基本的なアプリの使い方を覚えましょう。

1-1 Pythonを準備しよう

AnacondaでPythonをはじめる

Pythonを使い始めるにあたり、まずは開発環境(プログラムの実行環境など)を整える必要があります。python.orgで配布されているPythonをインストールするほか、近年ではAnacondaというディストリビューションもPythonの環境構築で人気を集めています。

Anacondaは、特にデータサイエンスや機械学習用に最適化されたディストリビューションです。これらに関するライブラリ(パッケージと呼ばれる)を多数標準で用意し、必要に応じて簡単に組み込んで使えるようになっています。また、データ分析などで近年広く使われるようになってきたWebベースのツール「Jupyter」や、Pythonの統合開発ツールである「Spyder」など、Pythonの開発で多用されるツール類も標準で利用することができます。

Anacondaは、Windows、macOS、Linuxのすべてのプラットフォームでリリースされており、すべての動作環境がほぼ同じように作られています。WindowsでもMacでも、Anacondaベースなら開発の環境はほとんど変わりません。

本書では機械学習をテーマの一つとすることからAnacondaを採用して解説していきます。

Column

どのPythonを使うのか?

Pythonには配布形式が主流なもので2つあります。python.orgで配布しているもの(以下標準Python)と、Anacondaです。どちらも同じようにPythonでプログラミングするための環境を構築できますが、細部の使い方、パッケージマネージャーの利用方法などが異なります。本書ではAnacondaを採用しますが、標準Pythonとの違いを見てみましょう。

標準Pythonの特徴

python.orgで提供されている、いわゆる通常のPythonです。標準Pythonの導入はPythonを始める最もスタンダードな方法でしょう。標準Pythonやそれとともに使われるパッケージ管理ツールのpipを前提とし、Anacondaでは動作しない情報もWeb上には多いです。

ただし、昨今人気を集めているデータ分析や機械学習の分野では環境構築が必要になることがあります。これはパッケージによってはCコンパイラがないとインストールできないなどの問題もありました。

現在では改善されてきていますが、Windowsでパッケージを動作させるためにユーザー側にある程度の知識が必要とされるなど機械学習やデータ分析を進めるのに不向きな面がありました。Pythonを学ぶのに、環境構築が多少大変でもpipなどの標準的なツールを使いたかったり、データ分析についてはそこまで興味がなかったりすれば標準Pythonを使ってもいいでしょう。ただし、本書では解説対象外です。

Anacondaの特徴

Anacondaは環境構築が困難な点などを解決して、すぐに使えるディストリビューションとして人気を集めています。標準で多数のパッケージが組み込み済みとなっており、多くのソフトウェアがインストール後すぐに利用できます。

ソフトウェア(パッケージ)の管理も視覚的にわかりやすく行え、また仮想環境なども簡単に構築し利用できます。

便利なためユーザー数は多いですが、標準Pythonに比べると少ないです。

Pythonの利用を主に学習目的で考えており、ごく一般的なパッケージを利用するだけならば、Anacondaは非常に簡単にPython環境を整えることができておすすめです。また技術系のプログラマの間で多用される数値解析関係のパッケージやJupyterといったツール類が標準で用意されているため、理系技術者の間にも人気があります。

また、例えばディープラーニングで有名になった「Tensorflow」などは、現時点のAnacondaでは標準で対応していません(コミュニティによって提供されるパッケージは存在します)。このように「このソフトウェアを使うためにPythonを学ぶ」という目的が明確であれば、それがAnacondaで対応しているかどうかを確認した上でどちらを選ぶか決めると良いでしょう。本書はAnacondaを前提に解説しますが、標準Pythonでも活かせる知識はたくさんあります。

Anacondaのインストール

Pythonの準備を整えていきましょう。まずは、Anacondaの利用についてです。Anacondaは、Anaconda Incによって開発されており、以下のWebサイトで公開されています。

- https://www.anaconda.com/

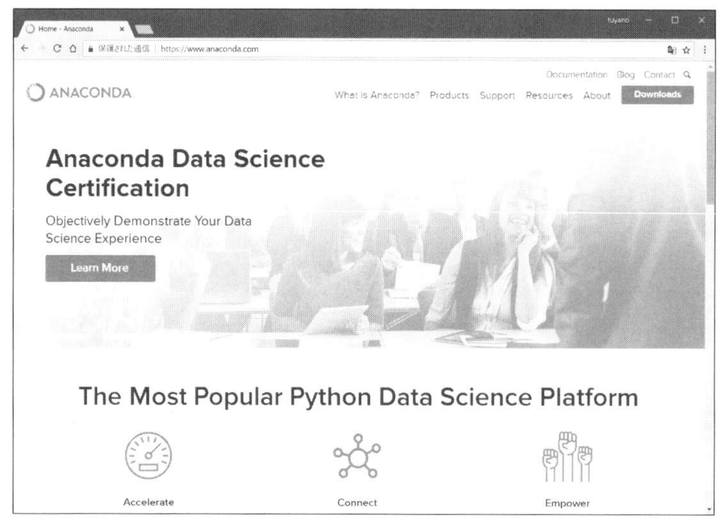

図1-1： AnacondaのWebサイト。ここでダウンロードできる。

このサイトにある「Downloads」ボタンをクリックし、現れたダウンロードページから、利用しているプラットフォーム向けのAnacondaをダウンロードします。現在、Python 3.7版とPython 2.7版が用意されています。ここでは、Python 3.7版(3.x版)をベースに説明を行います。

●――インストールの手順

ダウンロードされたインストーラを起動し、インストールを行います。インストーラでは、以下のような項目が表示されていくので、それぞれ設定しインストール作業を進めてください。macOS版では表示内容がことなりますが、デフォルトのまま進めてください。

1. Welcome画面。そのまま次へ進みます。
2. End User License Agreement。「I agree」ボタンを押して次に進みます。
3. Install for。ユーザー関連の質問です。「Just Me」を選べばいいでしょう。
4. Destination Folder。インストールする場所を指定します。デフォルトとします。
5. Advanced Option。環境変数pathにパスを追加するか、またデフォルトのPythonとして設定するかを指定します。コマンドラインからPythonを利用したい場合はONにしておきます。
6. インストール後、エディターやIDEの案内が表示されることがありますがこれらはインストールする必要はありません。

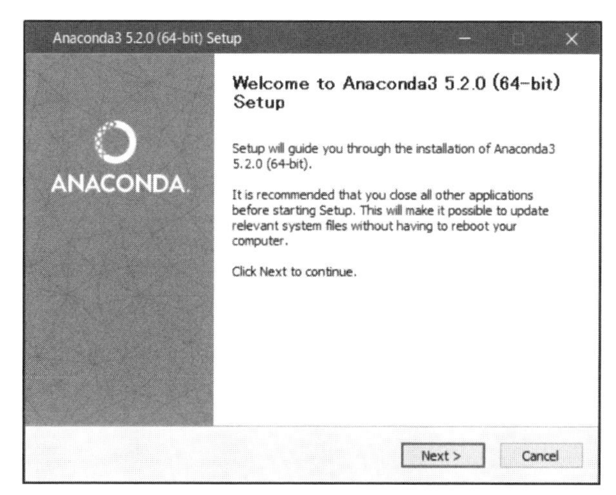

図1-2：インストーラの起動画面。

anaconda promptを起動する

Anacondaのインストールが完了したら、早速Pythonを使ってみましょう。Pythonを使うには、いくつかの方法があります。まずは、もっとも簡単なコンソール(コマンドの入出力を行うもの、コマンドプロンプトやターミナル)ウインドウからPythonのコマンドを実行してみます。

WindowsではAnacondaに用意されているAnaconda Promptを起動します。スタートボタンの「Anaconda3 (64-bit)」の中に「Anaconda Prompt」という項目が用意されているのでこれを選んでください。コンソールウインドウから、「python」と実行しましょう。Pythonが起動し、入力待ちの状態となります。

macOSではターミナルから「python」で実行できます。ターミナルから使えないときは「~/anaconda3/bin」をPATHに追加します。

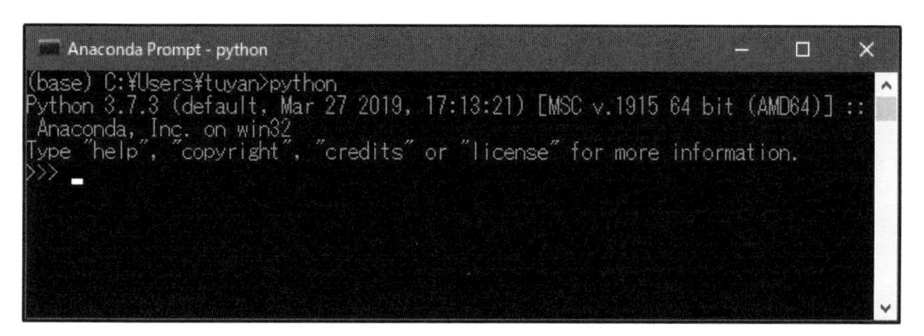

図1-3：anaconda promptでpythonを実行したところ。

インタラクティブモード

Pythonの実行方式は大きく2つあります。1つは、スクリプトを記述したファイルを指定して実行するもの。もう1つは、その場で文を入力しては実行する、インタラクティブモードです。先程のようにpythonコマンドを実行すると、インタラクティブモードでPythonの文が実行できるようになります。そのまま以下のように入力し、Enter/Returnキーを押してください。

```
print('Hello Python!')
```

これで、次の行に「Hello Python!」とテキストが出力されます。今、入力した文がその場で実行されたのです。そしてすぐにまた次の文を入力できるようになります。こうして文を書いては実行する、ということを繰り返していきます。

実行内容は記憶される

インタラクティブモードでは、実行した文の結果が蓄積されていきます。具体的には、例えば作成した変数やオブジェクトなどは、Pythonを終了するまで保管され、いつでも使うことができるのです。

リスト1-1 インタラクティブモードの実行例

```
a = 100
b = 200
c = a + b
print(a + b + c)
```

最後の文を入力しEnter/Returnすると、「600」と表示されます。a + b + cという文の結果が「600」になったのです(図1-5)。

これは、aという変数に100、bという変数に200という値を入れ、cという変数にa + bの結果を入れた状態で、a + b + cという式を実行した結果を表示しているものです。a、b、cといった変数に入れた値が記憶されていて、いつでも使える状態になっていることがわかります。

インタラクティブモードの終了

インタラクティブモードを終了するには、「exit()」と入力しEnter/Returnします。これでPythonを終了し、元の状態に戻ります。あるいは、Ctrlキーを押したまま「Z」キーを押し、Enter/Returnキーを押してもインタラクティブモードを中断することができます。

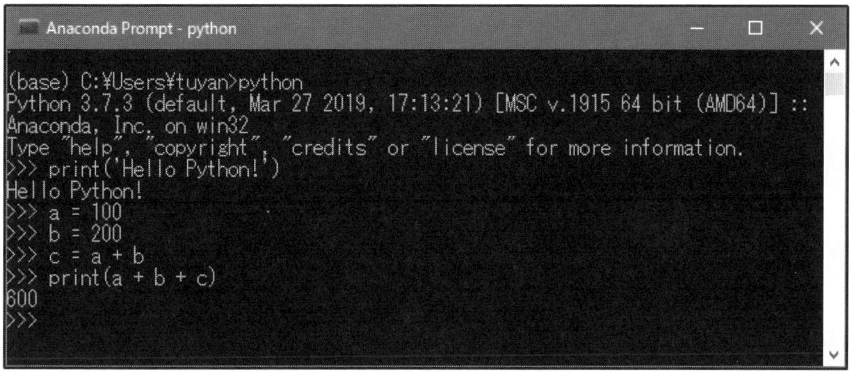

```
Anaconda Prompt - python

(base) C:¥Users¥tuyan>python
Python 3.7.3 (default, Mar 27 2019, 17:13:21) [MSC v.1915 64 bit (AMD64)] ::
Anaconda, Inc. on win32
Type "help", "copyright", "credits" or "license" for more information.
>>> print('Hello Python!')
Hello Python!
>>> a = 100
>>> b = 200
>>> c = a + b
>>> print(a + b + c)
600
>>>
```

図1-4：文を順番に実行すると、最後に600が表示される。

ファイルの実行

もう１つの「ファイルにスクリプトを記述して実行する」方法も試してみましょう。まず、テキストエディターを起動します。どんなものでも構いません。Windowsのメモ帳、その他に普段使っているプログラミング向けエディターがあればそれでも構いません。macOSの場合、テキストエディットはプログラミングが苦手なので別途プログラミング向けエディターをインストールしましょう。

そして、以下のリストを記述してください。

リスト1-2 テキストファイルに記述する（4行目のインデントはスペース4つ）

```
x = input('Enter number:')
total = 0
for i in range(1, int(x)+1):
    total += i
print('total: ' + str(total))
```

記述をしたら、「script.py」という名前でファイルを保存しましょう。Pythonのスクリプトは、このように「.py」という拡張子で保存をするのが一般的です。続いて、Anaconda Promptまたはターミナルを開き、保存したスクリプトファイルのある場所にカレントディレクトリを移動します。例えばデスクトップに保存したなら、「cd %USERPROFILE%\Desktop（macOSならcd ~/Desktop）」とすればいいでしょう。そして、以下のように実行してください。

```
python script.py
```

これで、script.pyに書かれたスクリプトが実行されます。「Enter number:」と表示されるので、適当に正の整数を入力します(半角)。Enter/Returnすると、1からその数字までの合計を計算して表示します。script.pyの内容が実行されているのが確認できました。

Pythonは、このようにスクリプトファイルを指定して実行させることができます。

```
python ファイルパス
```

pythonコマンドの後に実行するファイルのパスを記述すると、そのファイルを読み込んで、書かれているスクリプトを実行します。

図1-5：python script.pyで、script.pyに書かれたスクリプトを実行する。

1-2 Anacondaを利用しよう

Navigatorを起動する

今回、インストールしたのは、Python単体ではなく、Anacondaというディストリビューションです。Python本体の他にさまざまなプログラムが用意されています。これらを活用することで、より便利にPythonプログラミングを行うことができます。

まずは、「Anaconda Navigator（以後、Navigator)」を起動しましょう。Windowsの場合、スタートボタンに追加される「Anaconda3 (64-bit)」グループの中に用意されています。macOSの場合は「アプリケーション」フォルダ内にエイリアスがあります。

このNavigatorは、Anacondaに用意されている主なアプリケーションを起動したり、**仮想環境**と呼ばれる実行環境を構築したりするのに用いられます。起動すると、いくつものアイコンが並べられたような画面のウインドウが現れます。

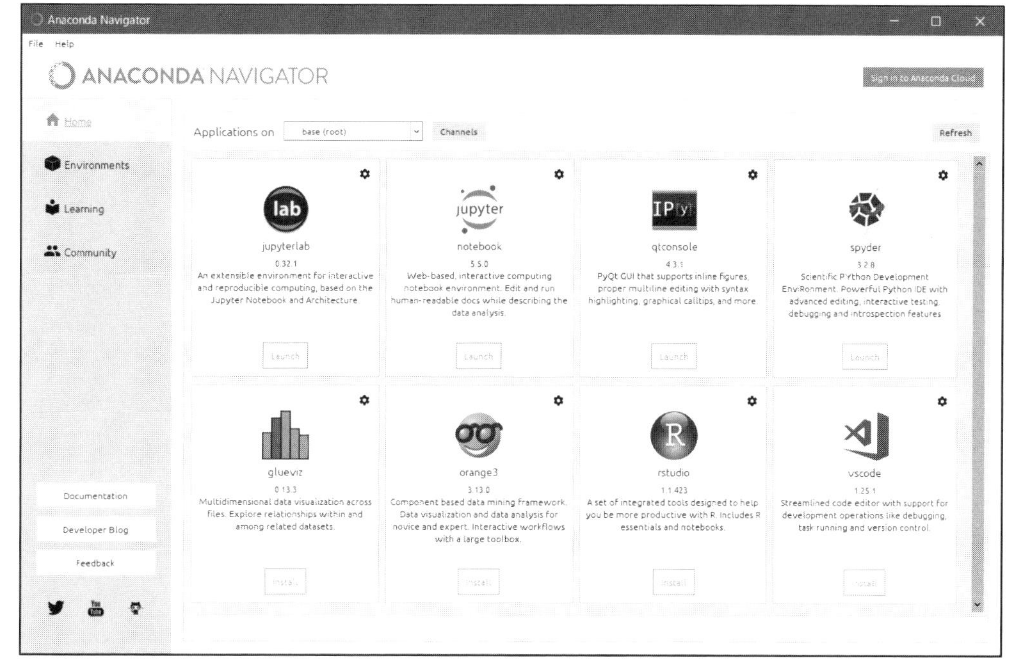

図1-6：Navigatorのウインドウ。

この画面の左側には、「Home」「Environments」といったいくつかの項目のリストがあります。これは表示内容を切り替えるためのもので、起動時には「Home」が選択されています。そしてその右側に縦横に整列表示されているアイコンが、「Home」の表示内容です。

これらのアイコンは、Anacondaに用意されているアプリケーションです。この中から使いたいものの「Launch」ボタンをクリックすると、そのアプリケーションが起動します。

中には、Launchではなく「Install」というボタンが表示されているものもありますが、これはまだそのアプリケーションがインストールされていないことを表します。「Install」ボタンをクリックすることで、その場でアプリケーションをインストールできます。

qtconsoleを使う

表示されているアイコンの中から「qtconsole」というものを探して、「Launch」ボタンをクリックして起動しましょう。qtconsoleのアイコンが見つからない場合は、Anaconda Promptのコンソールウインドウから「pythonw -m jupyter qtconsole」と実行すると起動できます。

qtconsoleは、Pythonの実行に使えるコンソールです。コマンドプロンプトやターミナルと同様にテキストを入出力するだけのシンプルなウインドウですが、実行する文を1つ1つ管理するようになっています。

起動すると、ウインドウには［1］という表示が見えます。これが1番目の実行内容です。ここに文を書いてEnter/Returnすると、実行結果が表示され、続いて［2］と2番目の実行内容を入力する状態になります。

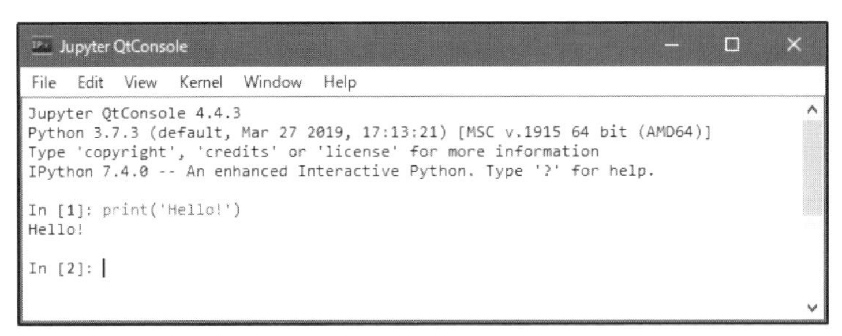

図1-7：qtconsoleのウインドウ。Pythonの文を書いてEnter/Returnすると、実行結果を表示し、次の入力が行えるようになる。

●――入力支援機能

qtconsoleは、Pythonコマンドを実行して文を入力し実行するのと基本的な使い方は同じです。しかし、qtconsoleのほうが機能的にはずっと強力です。

qtconsoleに用意されている機能の1つに「入力支援機能」があります。例えば、以下のように入力をしてください。

```
print(
```

この最後の(をタイプすると、その場にウインドウがポップアップし、print関数の使い方や説明が表示されます。残念なことに表示は英語ですが、それでも引数の内容などをその場で確認できるのは非常に便利です。

この他、()や[]などのところにカーソルを移動すると、それに対応する記号がグレーで示されるなど、スクリプトを入力するのに役立つ機能がいろいろと揃っています。

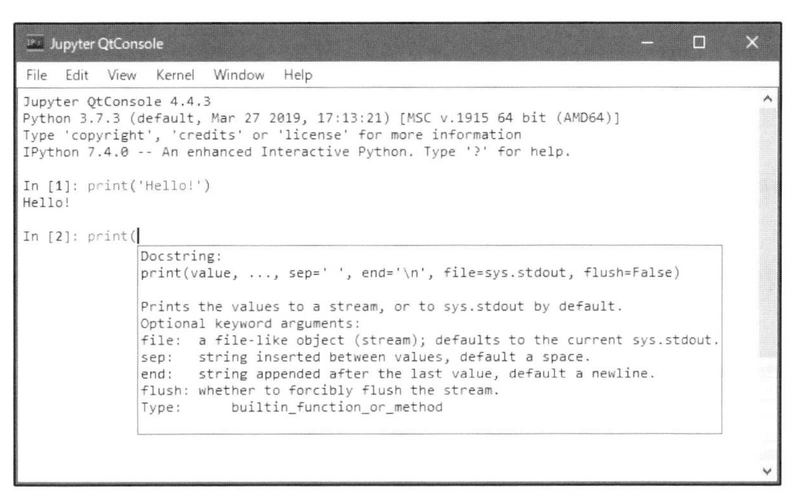

図1-8：入力している関数などの使い方がその場でポップアップ表示される。

●——複数のタブ表示

qtconsoleでは、１つのウインドウ内に複数のコンソールを開くことができます。これは、「File」メニューに用意されている以下のメニュー項目で行います。

- New Tab with New kernel —— **新しいカーネルでタブを開く**
- New Tab with Same kernel —— **同じカーネルでタブを開く**
- New Tab with Existing kernel —— **カーネルを指定してタブを開く**

ここでの「カーネル」というのは、Pythonのプログラムを処理している中心部分となるプログラムです。同じカーネルを使うと、記憶している変数などもすべて同じように使えます。新しいカーネルにすると、他のタブとは別に変数などを記憶させていくことができます。

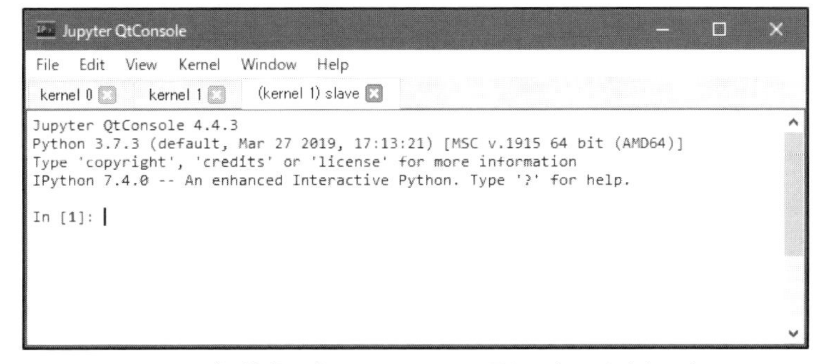

図1-9：タブを複数用意し、それぞれで異なる処理を実行できる。

仮想環境について

Anacondaの大きな特徴の一つに**仮想環境**があります。Pythonには多数のパッケージがあり、多くの人はこれらを組み込んでプログラミングを行っています。しかし、こうしたパッケージは、特定のバージョンでないと動かなかったり、他のパッケージと併用する際に問題を起こすことが稀にあります。

仮想環境は、Anacondaの環境上に仮想的にPythonの実行環境を作成し、そこに必要なパッケージなどをおいて利用する機能です。この仮想環境はいくつでも作成でき、またある仮想環境は他の仮想環境に影響を及ぼすことはありません。さまざまなライブラリをインストールした実行環境を必要に応じていくつも用意することができるのです。これにより、用途別にさまざまなPythonの実行環境を用意し、必要に応じて切り替えることが可能になります。

この仮想環境は、Navigatorの左側にある「Environments」項目をクリックして表示される画面で作成できます。表示が切り替わると、そこに以下のようなものが表示されます。

・環境のリスト表示

選択した「Environments」項目の右側には、「base(root)」という項目が表示されているエリアがあります。これは作成した仮想環境の一覧を表示するリストです。デフォルトで用意されている「base(root)」は、仮想環境ではなく、ベースとなっているAnacondaの環境を示します。

・パッケージのリスト表示

環境リストの右側の広いエリアは、選択した仮想環境で利用するパッケージを管理するためのものです。左にある環境リストから項目を選択すると、選択した仮想環境にインストールされているパッケージのリストが表示されます。デフォルトでは「base(root)」にインストールされているパッケージのリストが表示されています。

・パッケージリストの上部

リストの上部には「Installed」と表示された項目がありますが、これはリストに表示している内容を示すものです。デフォルトでは、インストールされているパッケージのリストが表示されています。クリックするとメニューがポップアップするようになっています。ここから、インストールされていないパッケージや、利用可能なすべてのパッケージ等表示を切り替えることができます。

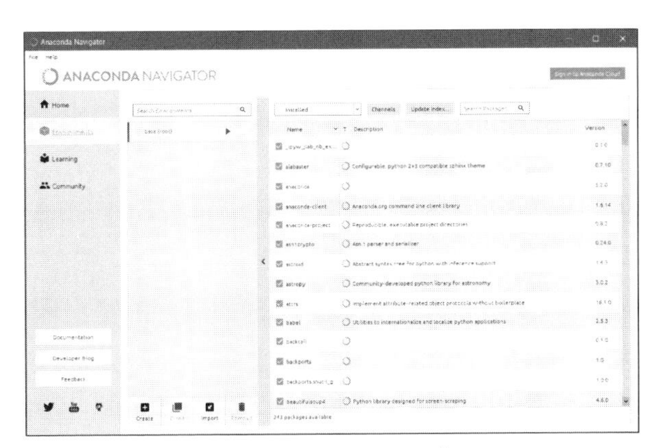

図1-10：Environmentsの表示。

仮想環境を作成する

実際に仮想環境を作ってみましょう。環境リストの下部にある「Create」というアイコンをクリックしてください。作成する仮想環境の設定を入力するダイアログが現れます。ここで以下のように入力をします。

- Name —— 仮想環境の名前を入力します。ここでは「my_space」としておきます。
- Location —— 保存場所を表示します。これは変更できません。
- Package —— 使用する言語とパッケージを選択します。ここでは、「Python」「3.7」をそれぞれ選んでください。

これらを設定し、「Create」ボタンをクリックすれば仮想環境が作成されます。

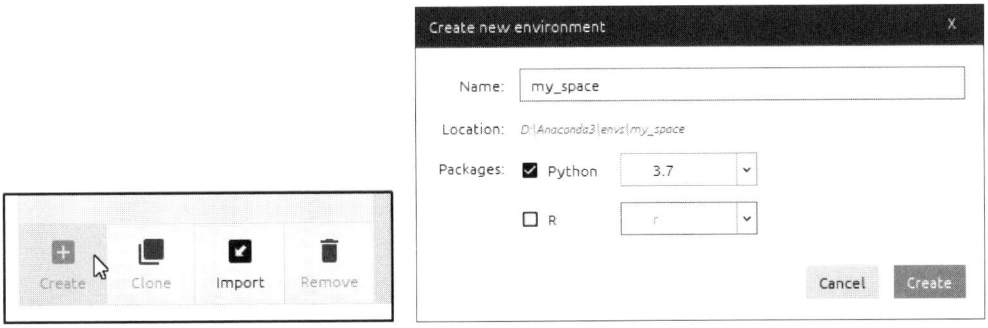

図1-11：新しく仮想環境を作成する。

仮想環境が作成された

作成には少し時間がかかります。しばらく待っていると、環境リストに「my_space」という項目が追加されます。そして右側には、my_spaceにインストールされているパッケージのリストが表示されます。これは、base環境と比べると、必要最小限のものだけしか組み込まれていないことがわかります。

ここから必要に応じてパッケージを追加して環境を整えていけばいいのです。

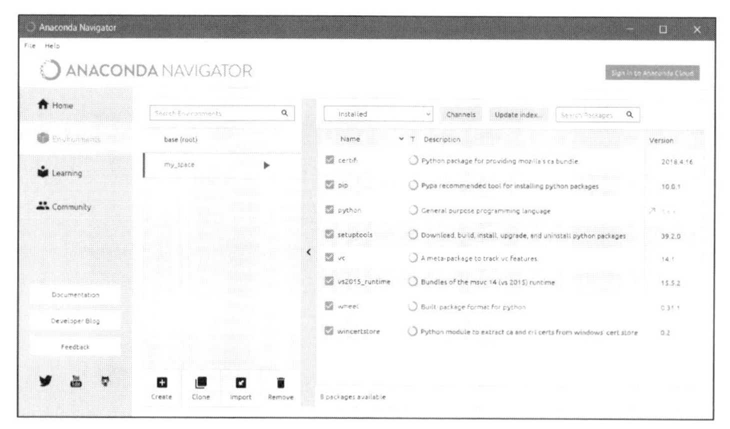

図1-12：作成された仮想環境「my_space」。既にいくつかのパッケージが追加されている。

仮想環境を使う

作成した「my_space」という項目のところに、▼のアイコンが表示されています。これをクリックすると、以下のようなメニューが現れます。

- 「Open Terminal」―― **この仮想環境上でターミナル(コマンドプロンプトなど)を実行します。**
- 「Open with Python」―― **この環境上でコンソールウインドウを開き、Pythonを実行します。**

これらは、指定の仮想環境上でPythonを動かすものです。複数の環境上でPythonを動かすような場合にとても重宝するでしょう。

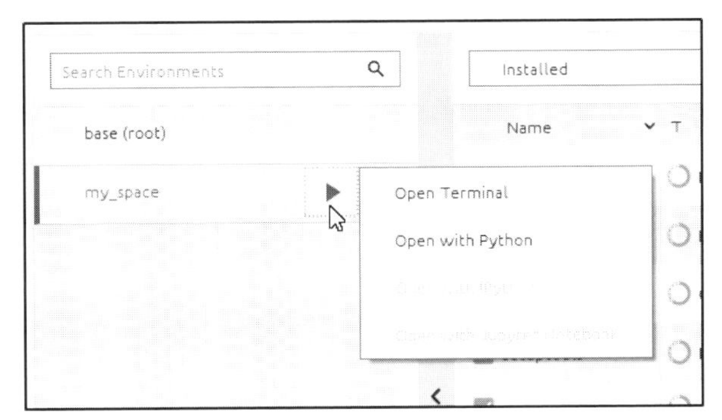

図1-13：「my_space」の▶アイコンをクリックすると、メニューが現れる。

仮想環境を切り替える

作成した仮想環境に切り替えてみましょう。仮想環境は、「Environments」のリストで切り替えられますが、普段使う「Home」画面でも切り替えることができます。

左端のリストから「Home」をクリックして選択してください。そしてアイコンの一覧が表示されているエリアの一番上にある「Applications on」というボタンをクリックします。その場にメニューがプルダウンして現れます。ここから、使いたい仮想環境を選択します。

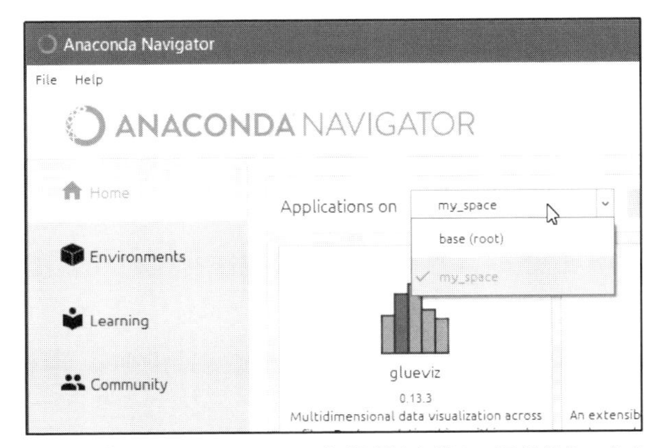

図1-14：「Applications on」から仮想環境を選んで切り替えできる。

●――アプリケーションのインストール

環境を切り替えると、アプリケーションのアイコン表示が「Install」ボタンに変わっているのに気がつくでしょう。用意されたアプリケーションは、仮想環境ごとに手動でインストールする必要があります。ここで使いたいものをインストールし、自分の環境を整えていくのです。

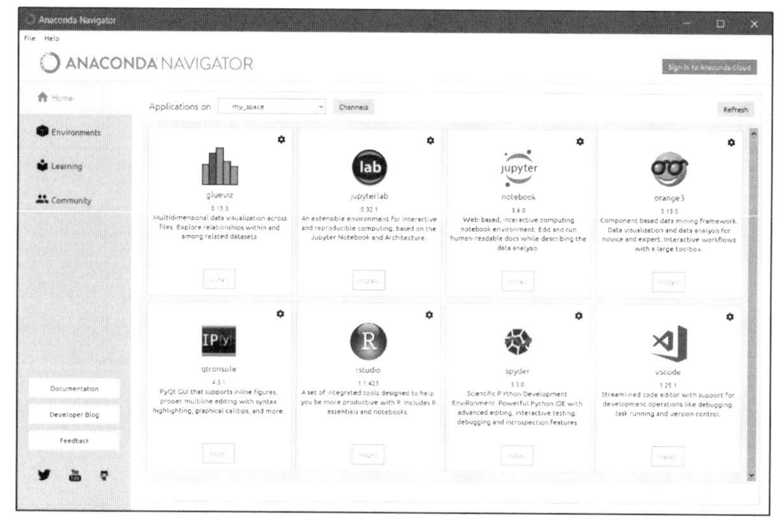

図1-15：アプリケーションは、すべて「Install」ボタンに変わっている。

Spyderを使う

Navigatorは、Anacondaを使いこなすための基本となるアプリですが、これでプログラミングを行うわけではありません。実際のプログラミングは、本格的にスクリプトを記述する開発ツールを利用します。

Anacondaには、「Spyder」という開発ツールが用意されています。これを起動してみましょう。NavigatorのHomeにあるSpyderのアイコンの「Launch」ボタンをクリックして起動します。Windowsの場合は、スタートボタンから「Anaconda3(64-bit)」項目内の「Spyder」を選べば直接起動できます。もしもファイアウォールの警告が表示されたときは許可します。

このSypderの画面は、いくつかのエリアが組み合わさったような形をしています。これらは「ペイン」と呼ばれるもので、ペインを表示し組み合わせて使いやすい環境を整えていくようになっています。初期状態では、以下がウインドウに表示されています。

・ツールバー

ウインドウ上部には、アイコンが一列に並んだツールバーがあります。よく使われる機能をクリックで呼び出せるようにしています。

・エディター

ウインドウの左側から中央にかけて広く表示されているのがエディターのペインです。起動時には、スクリプトファイルが1つ開かれています。これは一時的なものでまだどこにも保存されていません。これにスクリプトを書いたら、保存して利用をします。

エディターのペインは、同時に複数のファイルを開けます。上部にはファイル名のタブが表示されており、このタブを切り替えて編集するファイルを変更できます。

・ヘルプ

右側の領域は上下2つに分かれています。上部に表示されているのが、ヘルプのペインです。実際にスクリプトを書くようになると、必要に応じて各種のヘルプ情報を表示して利用することになるでしょう。「オブジェクト」という表示の右側にあるフィールドに、調べたい内容を記入すると、そのヘルプ情報を表示します。

・IPython コンソール

右側の下部にあるペインです。これは、IPython という Python を対話方式で利用するシェルで、qtconsole とほぼ同じものと考えていいでしょう。本格的なプログラミングでは、エディターでスクリプトを記述していきますが、その途中でちょっとその場でスクリプトを実行したい、というようなときに役立ちます。

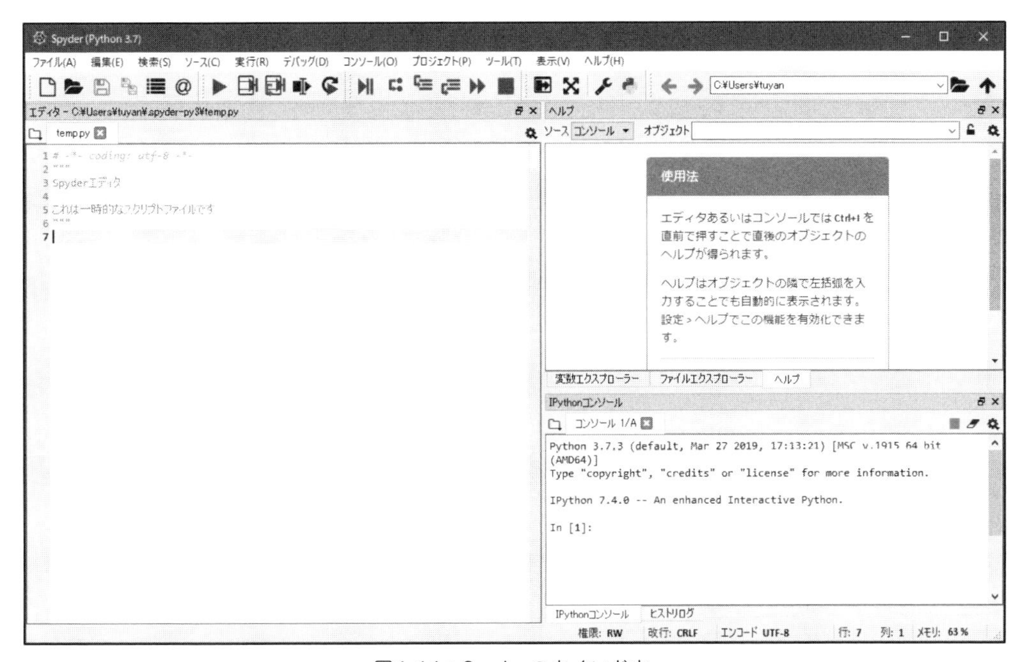

図1-16：Sypderのウインドウ。

Spyderでスクリプトを動かす

Spyderでスクリプトを書き、動かしてみましょう。起動時に開かれている一時ファイルのエディターに、以下のように素数を求めるスクリプトを記述してみます。

リスト1-3 素数を求めるプログラム

```
n = 20
for i in range(2,n+1):
    flg = True
    for j in range(2, i-1):
        if i % j == 0:
            flg = False
    if flg:
        print(str(i) + ' is prime number.')
```

記述したら、スクリプトを実行してみましょう。ツールバーにある「ファイルを実行」アイコン(左から7番目の三角形のアイコン)をクリックしてください。画面に、実行に関する設定を行うダイアログが現れます。これはスクリプトの実行について細く設定が行えるのですが、通常はそのまま「実行」ボタンをクリックすればいいでしょう。これでスクリプトが実行されます。なお、このウインドウが現れるのは初回のみで、以後は表示されません。

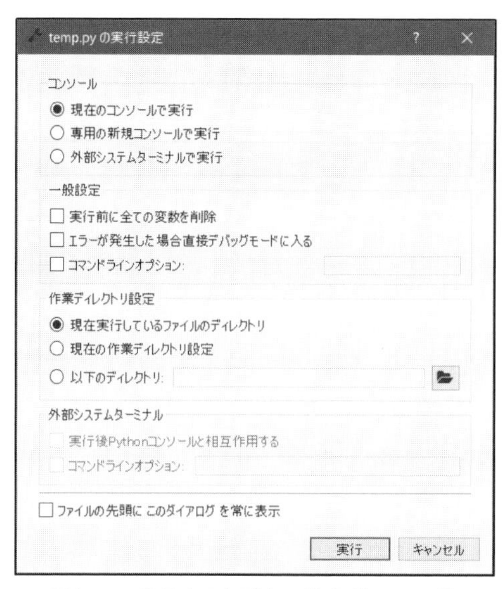

図1-17:実行すると現れる設定ダイアログ。

スクリプトを実行すると、右下のIPythonコンソールに実行結果が出力されます。ここでは以下のような内容が表示されるでしょう。

```
2 is prime number.
3 is prime number.
5 is prime number.
7 is prime number.
11 is prime number.
13 is prime number.
17 is prime number.
19 is prime number.
```

今回のスクリプトは、2～20の整数の中で素数を調べて書き出すものでした。このように、スクリプトを書いて実行するという作業がその場でアイコンをクリックするだけで行えます。いちいちコマンドを書いて実行する必要はありません。

Spyderの入力支援

Spyderを利用するメリットを考えましょう。利点はいろいろと挙げられますが、まず気がつくのはエディターの便利さでしょう。Spyderのエディターには入力を支援する機能がいろいろと揃っています。例えば、以下のような機能です。

- **スクリプトに書かれた単語や値を種類に応じて色分け表示する(シンタックスハイライト)。**
- **改行時に、構文に合わせて自動的にインデントする(オートインデント)。**
- **単語や値を選択すると、同じものを色付けして表示する。また括弧の片方を選択すると、それに対応するもう一方を色付け表示する。**
- **入力中、ドットや括弧をタイプすると、その時入力中の関数やオブジェクトなどの説明がその場でポップアップ表示される。**
- **記述したスクリプトの特定の単語や値をCtrl + クリックするとそのヘルプ情報を表示できる。**

こうした機能により、スクリプト入力時のタイプミスや構文の書き間違い、またPythonで重要となるインデントのつけ間違いなどを予防し、必要に応じて欲しい情報を取得しその場で学習しながらスクリプト作成を行うことができます。

プロジェクトを利用する

Spyderは、1つ1つのスクリプトファイルを開いて利用することもできますが、「プロジェクト」を使って多数のファイルを管理しながら編集していくこともできます。プロジェクトというのは、複数のファイルやフォルダを管理して開発していくための基本単位で、プロジェクトを作成することで、ファイルを効率的に編集できるようになります。

●――プロジェクトの新規作成

Spyderの「プロジェクト」メニューから「新規プロジェクト」を選ぶと、新たにプロジェクトを作成できます。メニューを選ぶと画面にダイアログが現れ、そこでプロジェクト名と保存場所、またプロジェクトのタイプなどを指定します。基本的にはプロジェクトの名前だけ入力すれば、新しいプロジェクトが作れます。

既にあるフォルダをプロジェクトとして開きたい場合は、「新規プロジェクト」のダイアログで「存在するディレクトリ」を選び、位置にそのフォルダを指定します。

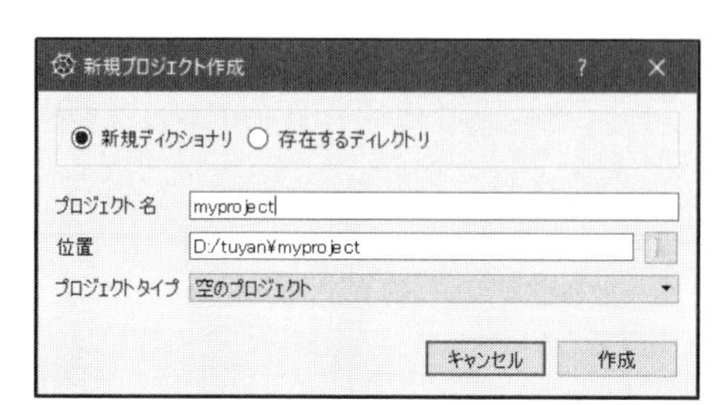

図1-18：「新規プロジェクト」メニューを選ぶと現れるダイアログ。

●――プロジェクトを開く

既にあるプロジェクトを開いて利用したい場合は、「プロジェクト」メニューから「プロジェクトを開く」を選び、フォルダを選択します。これで、そのフォルダを開いて編集できるようになります。

●――プロジェクトエクスプローラーについて

プロジェクトを開くと、左側にプロジェクトエクスプローラーというペインが現れます。ここに、プロジェクト内のファイルやフォルダが階層的に表示されます。ここから、編集したいファイルをダブルクリックすれば、エディターで開いて編集できます。

実際に試してみるとわかることですが、Spyderのエディターが対応しているのはPythonだけではありません。HTMLやスタイルシート、JavaScriptファイルなどWeb開発で多用されるファイルにも対応しています。これらのファイルでも、それぞれ入力支援機能が用意されており、通常のテキストエディターなどに比べ快適に記述することができます。

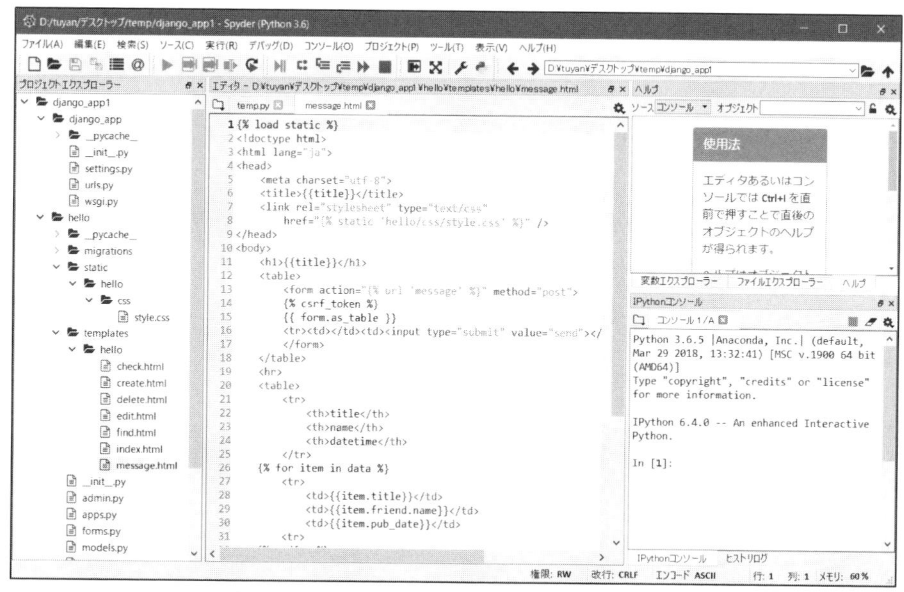

図1-19：プロジェクトを使うと多数のファイルをまとめて編集できる。

どんなときにプロジェクトを使う?

このプロジェクトは、多数のファイルを編集しながらプログラミングをするような用途に適しています。例えば、最近ではPythonを使ってWebアプリケーションを開発する事例も増えてきました。Webアプリケーションは、Pythonのスクリプトだけでなく、HTMLやイメージファイルなど多数のファイルを組み合わせて作ります。こうした開発では、プロジェクトは非常に便利です。

ただし、単純に「1つのスクリプトファイルを作って実行するだけ」というようなシンプルなプログラムを作る場合には、プロジェクトを作る必要はありません。Spyderでは、プロジェクトを作らず、スクリプトファイルを直接開いて編集できます。プロジェクトを作成しなくとも全く問題はありません。

本書では、1つのスクリプトファイルだけで完結するようなサンプルが中心となります。ですから、本書に掲載のスクリプトを試して見る場合は、プロジェクトを作る必要ありません。これは、本書を卒業して、もっと本格的な開発を行うようになったときに役立つものと考えましょう。

Column

標準Pythonを使う

インストーラをダウンロードする

標準Pythonを利用したいという人に向けて利用方法を簡単に紹介します。ただし、本書としてはAnacondaの利用を推奨している点に注意してください。標準Pythonやその他の方法で導入したPythonについては解説しません。

以下のアドレスからプログラムをダウンロードします。

- https://www.python.org/downloads/

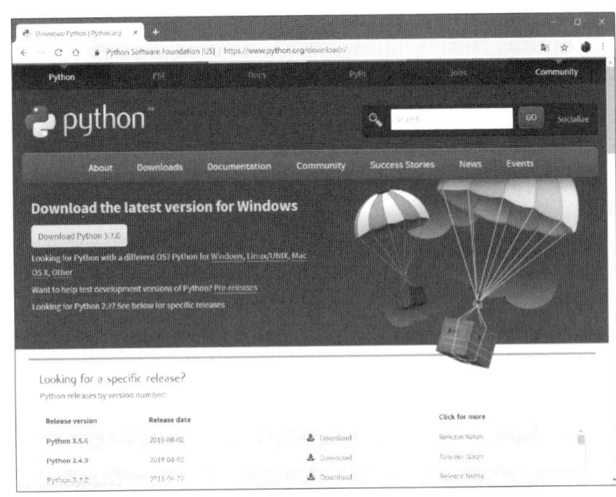

図1-20：Pythonサイトのダウンロードページ。

インストーラーをダウンロードしたら指示にしたがってインストールします。

標準Pythonの実行

Pythonのプログラムは、「その場で文を書いて実行」「実行する処理をファイルに保存して実行」の2通りがあります。このあたりはAnacondaと同じです。この2つの基本的な方法を整理しておきましょう。これらは、anaconda promptでのPythonの使い方と全く同じです。

標準Pythonはコマンドがすべて！

標準Pythonを使う基本は、これだけです。他にもいろいろと機能はありますが、基本的に「インタラクティブモードで実行」「ファイルを実行」の2つができれば標準Pythonは使えます。この他、プログラム（パッケージ）のインストールなどにpipが必要になります。それらについては3章のコラム「Anacondaを使わないでPythonをインストールした場合」で簡単に紹介します。

venvによる仮想環境

標準Pythonを利用している場合でも、仮想環境を使うことができます。これは、「venv」というプログラムを使います。これはコマンドプロンプトあるいはターミナルから以下のように実行して使います。

```
python -m venv 仮想環境名
```

これで、その場に仮想環境名のフォルダが作成され、その中に仮想環境関連のファイル・フォルダ類が生成されます。仮想環境を利用する場合は、その中の「activate」コマンドを実行します。Windowsではバックスラッシュは円記号(¥)と同等です。

- Windowsの場合

```
仮想環境フォルダ\Scripts\activate
```

- macOSの場合

```
. 仮想環境フォルダ/bin/activate
```

activateすると、プロンプトの部分に使用中の仮想環境名が表示されるようになります。この状態で、パッケージのインストールを行ったり、スクリプトの実行を行うことができます。仮想環境を多用する人は、activateコマンドの場所を環境変数pathに追加しておくとよいでしょう。

仮想環境の終了

仮想環境から抜ける場合は、そのまま「deactivate」と実行してください。もとの仮想環境をactivateする前の状態に戻ります。

Column

Miniconda

Anacondaは便利ですがインストールするものが多いので、そこが苦手な人もいます。もしもプログラミングやコマンドラインに慣れているなら、Anacondaから重要なツールを抜き出したミニバージョンMinicondaの利用を検討してみると面白いでしょう。本書ではMinicondaの解説は行いませんが、日本語や英語で紹介記事がWeb上にいくつもあるので、参考にできます。

- https://docs.conda.io/en/latest/miniconda.html

Column

condaコマンド

Minicondaを使う場合や、Anaconda Navigatorよりコマンドライン操作が好きな場合はコマンドラインツール「conda」からパッケージのインストールや更新を行います。condaコマンドはAnaconda Promptなどを使えば利用できます。下記コマンドでcondaのヘルプを表示します。

```
conda help
```

condaコマンドは本書では基本的に用いません。興味がある人はconda helpの情報などをもとに調査してください。

Chapter 2

Pythonの基本文法

Pythonの基本的な文法について説明します。とりあげるのは必要最低限の文法ですが、これらがわかればPythonの簡単なスクリプトは読めるようになるでしょう。前章で、簡単なPythonのスクリプトを実行してみましたが、本格的なスクリプトを作成するためには、どのような文法が用意されているのか知らなければいけません。

2-1 値と変数

値には「型」がある

まず理解すべきは、プログラミングの基礎となる**値**についてです。値にはいくつかの種類、単純なデータやデータをまとめた構造などがあります。この種類を**型**といいます。

Pythonではtype関数で値の型の情報を取得できます。

```
type(1) # int
```

基本となる値の型を整理しましょう。

●―――数値 - Numeric Types(int, float, complex)

「数字」のデータ型は数値(Numeric Types)と総称されます。Pythonでは、数字の値は、そのまま普通に数値を書くだけです。特別なことは何もありません。

数値は、更に「整数(int)」と「浮動小数点数(float)」「複素数(complex)」に分けて考えられます。この中でよく使うのは整数と浮動小数点数でしょう。整数と比較してより精度が求められる数値が必要なときは、浮動小数点数を使います。整数と浮動小数点数の例を示します。

・整数の例

```
2
```

```
200
```

```
-2
```

・浮動小数点数の例、ドットを含む数字と覚える

```
1.1
```

```
3.0
```

```
2.100002
```

●――――文字列(str)

文字列の書き方は、大きく2通りあります。ダブルクォート(")記号を使ったものと、シングルクォート(')記号を使ったものです。書き方は、文字列の前後にこれらの記号を付けて記します。これは、前後どちらも同じ記号でないといけません。この2つの記号の違いというのはありません。どちらを使った場合も、値の性質などは全く同じです。

・文字列の例

```
'hello'
```

```
'こんにちは'
```

```
"good-bye"
```

```
"さようなら"
```

●――――真偽値(bool)

真偽値の値は「True」と「False」の2つのみです。これらはTrue/Falseとそのまま記述します。

```
True
```

```
False
```

Pythonで使われる最も基本的な値の種類は、整数・浮動小数点数・文字列・真偽値の4つです。その他にも、もっと複雑な値を扱うものがありますが、ひとまずこれだけ覚えておきましょう。「2-2 値のまとまりを扱う」でデータのまとまりを扱う方法を解説します。

数値の演算

数値の演算と演算子を一覧します。

表2-1 数値の演算(AとBには数値が入る)

A + B	AとBを足す
A - B	AからBを引く
A * B	AにBをかける
A ** B	AのB乗
A / B	AをBで割る(割り切れるまで)

A // B	AをBで割る(小数点以下は切り捨て)
A % B	AをBで割った余りを得る

基本的には四則演算の記号がそのまま使われますが、べき乗(**)や剰余(%)のような記号もあります。割り算については小数点以下の扱いの違いにより2種類が用意されています。

Pythonのインタラクティブモードで実行して試してください。

```
1 + 2 * 3
```

すると、「7」と表示されます。式を入力すると、その式の計算結果が得られることがわかります。また、答えが「9」ではなく「7」であることから、「掛け算割り算は足し算引き算より先に計算する」という一般的な計算ルールに基づいて処理されていることがわかります。

文字列や真偽値の演算

文字列も演算できます。足し算の演算子(+)は、複数の文字列をつなげて1つの文字列を作成します。なお、Pythonにおいては文字列の表記(文字列リテラル)を2つならべると文字列が結合されます。以下、#はコメントを示すもので記述する必要はありません。

```
"ABC" + "XYZ" # "ABCXYZ"
"ABC" "XYZ" # "ABCXYZ"
```

掛け算の演算子(*)は、左右いずれかに文字列、残った方に整数を指定します。

```
"A" * 10 # "AAAAAAAAAA"
```

真偽値も数値のそれと同じように演算できます。真偽値を計算すると、それらは整数の値に置き換えられるようになっているのです。真偽値は、計算の際、以下のように扱われます。

表2-2 真偽値と計算

True	「1」として扱われる
False	「0」として使われる

```
True + True + True # 3
```

ほかにもブール演算やビット演算がありますが、ここでは紹介しません。公式ドキュメント[*1]を参照してください。

異なる型が混在する式

値を使って式を作り計算をさせるとき、「値には型がある」という点が問題となることがあります。型とはデータの種類のことです。文字列のデータは文字列型のデータ、整数のデータは整数型のデータです。例えば、「No.」という文字列と「1」という整数をつないで、「No.1」という文字列を作りたい、としましょう。

```
'No.' + 1
```

このとき、このように書くとエラーになってしまいます。同じデータの種類でなければできない計算を、データの種類が違うのに計算しようとしているために起こる問題です。

値の型変換(キャスト)

ある値を別の種類の値に変換することを型変換あるいはキャストといいます。先ほどの 'No.''' + 1 は、1 を文字列の値に変換して使えばいいのです。

```
'No. ' + str(1) # 型をキャストして文字列にすれば計算できる。
```

この型変換は、以下のようなものを利用します。

・**整数値に変換**

```
int( 値 )
```

・**実数値に変換**

```
float( 値 )
```

・**文字列に変換**

```
str( 値 )
```

＊1　https://docs.python.org/ja/3/library/stdtypes.html

・真偽値に変換

```
bool( 値 )
```

変数の利用

変数は、値を保管しておくための入れ物の働きをするものです。Pythonでは、以下のように作成します。

```
変数名 = 値
```

このようにイコール記号を使い、右側の値を左側の変数に設定します。これを**代入**といいます。変数は、必要に応じてさまざまな値を代入します。値を代入された変数は、代入された値と同じものとして式などに使うことができます。

インタラクティブモードで以下の文を順に実行してみましょう。

リスト2-1 変数の簡単な利用

```
a = 100
b = 200
c = 300
a + b + c # 600
```

これを実行すると、a + b + cの結果として「600」と表示されます。3つの変数に値が代入され、それらの値と同じものとして式の中で利用されていることがわかります。

代入演算

変数を使って計算を行う場合、「ある変数の値を直接操作したい」ということがよくあります。例えば、「変数aの値を2倍にしたい」と思ったら、a * 2の結果を計算してまたaに代入することになります。式に表すとこうなります。

```
a = a * 2
```

このように、「変数の値を計算してまた変数に代入する」という場合、計算と代入をまとめて行う「代入演算子」という記号を使うことができます。これは、以下のようなものです。

表2-3 代入演算

A += B	AにBを加算する(A = A + B と同じ)
A -= B	AからBを減算する(A = A - B と同じ)
A *= B	AにBを乗算する(A = A * B と同じ)
A /= B	AをBで割り切れるまで除算する(A = A / B と同じ)
A //= B	AをBで除算する(A = A // B と同じ)
A %= B	AをBで除算した余りを代入する(A = A % B と同じ)

これらの代入演算子は、知らなくとも困ることはありませんが、知っているとよりスマートに文を記述することができます。例えば、先ほどのa = a * 2という文も、代入演算子を使えばこうなります。非常にスッキリとわかりやすく記述できます。

```
a *= 2
```

文字列の計算にも使えます。

リスト2-2 代入演算と文字列の計算を組み合わせる

```
a = 'A'
a *= 5
a # 'AAAAA'
```

2-2 値のまとまりを扱う

リスト(list)

整数や文字列といった値は、基本的に1つの値だけで構成されます。しかし、プログラミングでは、多数の値をまとめて扱うことは頻繁にあります。こうした場合には、複数の値を扱うための専用の種類のデータ(型)が必要になります。

複数の値を扱う場合に候補はいくつかあります。よく使われるものの1つが**リスト**(list)です。複数の値を順番に整理して保管するものです。以下のように記述をします。[] 記号の中に、1つ1つの値をカンマで区切って記述します。リストやその他の値のまとまりは、今までと同じくそのまま変数に代入できます。

・リストの作成

```
[ 値1 , 値2 , …… ]
```

リストには様々な値を入れられます。

```
[100, 80, 90]
[100, 'もぐら', True, 1.0]
```

この他、list関数も使えます。

```
list( 値1 , 値2 , …… )
```

●―――保管された値のやり取り

リストに保管される値は、「インデックス」と呼ばれる通し番号で管理されています。保管されている値は、以下のようにして指定します。

・リストのアクセス

```
リスト [ 番号 ]
```

```
[100, 80, 90][0] # 100
```

リスト(あるいは、リストが代入されている変数など)の後に[]記号を付け、そこに取り出したい値のインデックス番号を指定します。この番号は、ゼロから順に割り振られています。3つの値を持つリストなら、番号は0,1,2となります。また番号を記述した[]の部分は「添字」と呼ばれます。

["ABC","Hello","Bye"]

↓

0	1	2
ABC	Hello	Bye

図2-1：リストは、1つ1つの値にインデックスという番号を割り振り、この番号で値を取り出せる。

リストを利用する場合、注意したいのは「用意されていないインデックスを使わない」ことです。次のように存在しないインデックス番号を指定するとエラーになります。

```
# インデックス番号は0、1、2なのに3を指定！
[0, 1, 2][3] # エラー
```

なお、わかりづらいのですがインデックス番号にはマイナスの整数が指定できます。インデックス番号にマイナスを指定した場合、後ろから数えて何番目かという指定と考えてください。

```
# 後ろから数えて2番目の要素
[1, 10, 100][-2] # 10
```

●――リストを使う

インタラクティブモードでリストを使ってみましょう。以下のスクリプトを１行ずつ実行してください。

リスト2-3 リストを作成し、値を取り出す

```
arr = [0, 10, 20, 30]
arr[1] # 10
arr[0] = arr[1] + arr[2] + arr[3]
arr # [60, 10, 20, 30]
```

最終的に変数arrに代入したリストのインデックス番号1～3の値を合計し、インデックス番号0に結果を代入しています。

●――リストの計算

リストでは、足し算と掛け算の演算子が使えます。リストどうしの足し算では、２つのリストを１つにつなげたリストを作成できます。リストと整数の掛け算では、リストを指定の数だけ繰り返しつなげたリストを作成します。

リスト2-4 リストの演算

```
arr = [1, 2, 3]
arr += [4, 5]
arr *= 2
arr # [1, 2, 3, 4, 5, 1, 2, 3, 4, 5]
```

実行すると、[1, 2, 3, 4, 5, 1, 2, 3, 4, 5] と表示されます。[1, 2, 3]だったリストに[4, 5]が足されて [1, 2, 3, 4, 5] となり、それがさらに2つつなぎ合わせられてこのようなリストになります。

タプル(tuple)

リストは、保管された値を自由に変更できます。しかし、場合によっては「勝手に値を書き換えられては困る」ということもあります。このような場合に用いられるのが**タプル**(**tuple**)です。

タプルは、値の変更ができないリストと考えてください。

・タプルの作成①

```
( 値1, 値2, 値3, ……)
```

・タプルの作成②

```
tuple( 値1, 値2, 値3, ……)
```

作成されたタプルは、リストと同様、インデックス番号を使って値を取り出すことができます。また、値の変更はできませんが、足し算・掛け算の演算子を使い、新たなタプルを作ることはできます。

```
(1, 10, 100)[0] # 1

tp = (1, 10)
tp[0] = 1 # タプルを操作しようとしてもエラーになる。
```

簡単な利用例を見てみましょう。以下のスクリプトを順に実行してみてください。

リスト2-5 リストの作成と表示

```
tp = (10, 20, 30)
print(tp[0] + tp[1] + tp[2])
```

これで、「60」と結果が表示されます。「値を作るときに、[]ではなく()を使う」「保管された値の変更はできない」という以外は、おおよそリストと同じ使い方です。

レンジ(range)

一定範囲の数列を扱うために用意されているのが**レンジ**(**range**)という型です。1, 2, 3, 4, 5……というように一定間隔で並ぶ数字をまとめて扱うためのものです。繰り返しのfor文などで活用できます。以下のような形で作成をします。

・レンジの作成①

```
range( 整数 )
```

・レンジの作成②

```
range( 開始値 , 終了値 )
```

・レンジの作成③

```
range( 開始値 , 終了値 , 間隔 )
```

単純に整数を指定しただけの場合は、ゼロからその数字の手前までの数列を作ります。例えば、range(5)とすると、0, 1, 2, 3, 4の数列を扱うrangeが作られます。開始値と終了値を指定した場合は、開始値から終了値の手前までの数列を作ります。

間隔を指定すると、開始値から終了値の手前までの範囲で、指定の間隔で数字を取り出していきます。例えば、range(0, 21, 5)とすると、0, 5, 10, 15, 20の数列が作れます。

このrangeにまとめられている値は、リストやタプルと同様にインデックス番号を指定して取り出すことができます。ただし、タプルと同様、値を変更することはできません。また、足し算や掛け算といった演算にも対応していません。

リスト2-6 レンジの作成と表示

```
rn = range(0, 21, 5)
print(rn[0] + rn[1] + rn[2] + rn[3] + rn[4])
```

このようにインタラクティブモードで実行すると、「50」と表示されます。変数rnに代入されたrangeでは、0, 5, 10, 15, 20といった数列が保管されています。これらの値を取り出し合計していたというわけです。

辞書(dict)

ここまでのリスト・タプル・レンジといったものは、すべてインデックス番号で値を管理(取り出したり変更したり)していました。Pythonには番号ではなく名前を使って値を管理するデータのまとまりもあります。それが**辞書**(dict)という型です。

辞書は、それぞれの値に「キー」と呼ばれる名前をつけて保管をします。このキーを利用して値を取り出したり変更したりするのです。

・辞書の作成①

```
{ キー : 値 , キー : 値 , …… }
```

・辞書の作成②

```
dict( キー = 値 , キー = 値 , …… )
```

辞書は、キーと値を組にして記述します。「辞書のキー」にはデータのまとまりを除くおおよその型の値が、「辞書の値」にはほぼすべての型のデータが使えます。ただし、現実的には利便性などから「辞書のキー」には文字列を使うことがほとんどでしょう。

```
{'foo': 100, 'bar': 200}
{100: '百', 1000: '千'}
{True: 'abc'} # Trueもキーに使える

# 問題なく使える
{'abc': [0,200]}
# エラーになる
{[0,200]: 'abc'}
```

作成された辞書の値は[]を使い、キーを指定して取り出したり変更したりできます。

```
{'a': 100}['a'] # 100
```

利用例を挙げます。

リスト2-7 辞書の作成と取り出し

```
dic = {'a':100, 'b':200, 'c':300}
dic['total'] = dic['a'] + dic['b'] + dic['c']
dic
```

ここでは、a, b, cという3つのキーを持つ辞書を作成し、その合計をtotalというキーで保管しています。これを実行すると、以下のような値が表示されます。

```
{'a': 100, 'b': 200, 'c': 300, 'total': 600}
```

作成された辞書に'total'というキーが追加されているのがわかるでしょう。このように辞書はキーを指定し値を代入することで、どんどん値を追加していくことができます。

```
{"A":123,"B":1000,"C":54321}
```

A	B	C
123	1000	54321

図2-2：辞書は、1つ1つの値に「キー」という名前をつけて値を管理する。

その他のデータのまとまり

データのまとまりを示す型として、集合(重複を許さないデータのまとまり)を表すsetがあります。記述に{}を使うので、辞書型と混同しないよう注意しましょう。

```
{'abc', 'def'}
{'abc', 'abc'} # {'abc'}にまとめられてしまう。
```

Pythonの組み込み型(もとからあるデータの種類)として、データのまとまりを示すものに他にもfrozensetなどがありますが、本書では割愛します。

またPythonにおいては文字列もリストやタプルと同じように順序があるデータのまとまり(シーケンス型)として扱えます。

値の使い分け

複数の値を扱うための特別な型について簡単にまとめました。主なもの、リスト・レンジ・タプル・辞書はそれぞれどういう状況のときに使えばいいのか、整理しておきましょう。

まずはリストで検討

多数の値を保管して利用するような場合、まずリストを使うことを考えましょう。柔軟に操作でき、最も使いやすいものです。

辞書はそれぞれの値に名前をつけられる

辞書はリスト・タプル・レンジと異なり、インデックス番号による値へのアクセスができません。その代わりにそれぞれのデータに名前がつけられると考えてください。この特徴によって異なる種類のデータをひとまとまりに扱うときに区別がしやすくなります。リストと辞書が最も基本的なデータのまとまりのための型だと考えてください。

```
# 3教科のテストの得点を管理すると仮定してリストと辞書を比較
# リストだと扱いづらい
['100', '70', '55']
# 辞書だとどの教科かなどがわかりやすい
{'国語': 100, '数学': 70, '英語': 55}
# 情報にもアクセスしやすい
{'国語': 100, '数学': 70, '英語': 55}['国語'] # 100
```

●――タプルとレンジは用途が限られる

タプルとレンジには共通する性質があります。それは「値の変更ができない」という点です。これらは変数のような使い方はできません。あらかじめ用意しておいた値を参照して使う（変更はしない）ような場合にのみ使います。

2-3 構文をマスターする

Pythonのインデント

制御構造など、文法の構造を紹介していきます。個々の解説の前にPythonの特徴であるインデントを紹介します。

Pythonの文法の特徴にインデントがあります。インデントとは、スペースもしくはタブ（本書ではスペース4つで統一）によって、行頭を揃えることです。Pythonはインデントによって文（命令）をグループにまとめます。Pythonは、インデントの位置でその文がどの構文内に含まれるかをチェックしているため、常に一定幅でインデントを行うようにしなければいけません。

下の例ではprint('a')とprint('b')が同一のグループになります。print('c')は別のグループです。インデントでひとまとまりのグループを作る前に行には:が必要です。

```
if True:
    print('a')
    print('b')
print('c')

if True: # ← グループの前には:がある
    print('a')  # ←同じグループ
```

```
    print('b')  # ←同じグループ
print('c') # ←別のグループ
```

```
// JavaScriptで同等の文を記述する場合
// JavaScriptなどが{}で表しているものをPythonではインデントで済ませている。
if(true){
  console.log('a');
  console.log('b');
}
console.log('c');
```

if文

複雑なプログラムでは、必要に応じて異なる処理を実行したり、用意しておいた処理を何度も繰り返し実行したりする制御構造が必要となります。

条件分岐のif

条件に応じて異なる処理を実行させるのが**if文**です。

```
if 条件 :
    ……実行する処理……
else:
    ……実行する処理……
```

ifの後に、条件を用意し、その後に:をつけます。そして改行し、条件が成立するときに実行する処理をインデントして記します。条件は基本的には真偽値を使い、Trueのときは実行/Falseのときは未実行とすることが多いです。

ただし、実際には条件には真偽値以外にも文字列や数字、リストを利用できます。[](空のリスト)や""(空文字列、中身のない文字列)、0、0.0などの場合は未実行になり、それ以外の場合は実行されます。正確には真理値(Truth value)かどうかというのが基準ですが、ひとまず空や0のときは実行されないと覚えておきましょう。

条件が成立しないときに実行する処理は、その後にelse:を記述し、改行して記述します。このelse:は、最初のifの行と文の開始する位置が同じになるようにします。そして改行して以後は、ifのあとの処理と同様にインデントします。

このelse:以降の部分は、必要なければ省略できます。この場合、条件が成立しないと何もせずに次に進みます。

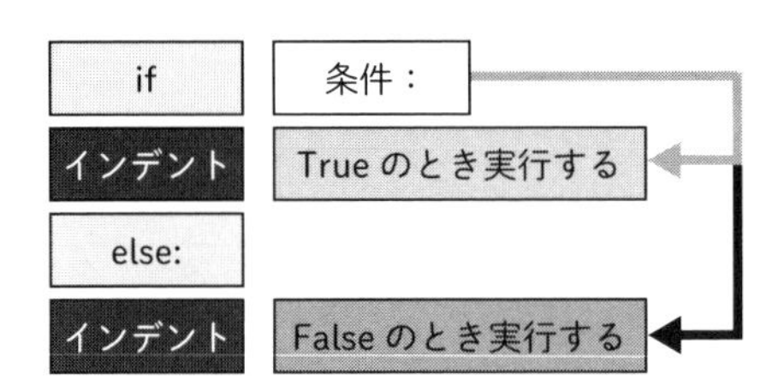

図2-3：if文は、条件の結果によって異なる処理を実行する。

ifを利用する

実際にif文を利用してみましょう。構文を利用するようになると、1つ1つの文のインデントなどをしっかり確認して書かないといけないので、インタラクティブモードではなく、テキストファイルにスクリプトを書いて実行することにします。

以下のリストをテキストファイルに記述しましょう。

リスト2-8 入力内容が偶数か判別するプログラム

```
x = input('Enter number:')

# 2で割り切れるか判別
if int(x) % 2 == 0:
    print('偶数です。')
else:
    print('奇数です。')
```

コンソールからファイルを保存した場所に移動し、Pythonコマンドで実行してください。「Enter number:」と表示されるので、数字(整数)を入力してEnterまたはReturnキーを押すと、その数が偶数か奇数かを調べて表示します。

ここでのスクリプトを見ると、if文の次の行と、else:の次の行が、それぞれ同じ幅で右にインデントしていることがわかります。これで、ifの条件が成立するときと、しないときで、それぞれ実行されるようになります。

●――input関数

ここで使っているinput関数は、ユーザーからの入力を受け付けます。()の部分、引数にテキストを用意すると、それを表示して入力待ちの状態になります。入力した値は、文字列として返ってくる(利用できるようにデータが出てくる)ので、変数に代入して利用します。数字を入力してもすべてテキスト扱いになるので、必要に応じて他の型にキャストして利用します。

```
input( メッセージ )
```

条件と比較演算

if文活用のポイントは、「条件をどう設定するか」ということでしょう。条件は、一般に真偽値を用います。条件がTrueならばその後の処理を実行し、Falseならばelse:以降を実行する(else:がない場合は実行しない)のです。

条件によく用いられるのは「比較演算」と呼ばれる演算です。2つの値を比較して、その結果に応じて真偽値を返します。以下のような演算記号が用意されています。

表2-4 比較演算子

A == B	AとBは等しい
A != B	AとBは等しくない
A < B	AはBより小さい
A <= B	AはBと等しいか小さい
A > B	AはBより大きい
A >= B	AはBと等しいか大きい

先ほどのサンプルも、if int(x) % 2 == 0: というようにif文を記述していました。int(x) % 2の値とゼロが等しいか、つまり、int(x) % 2がゼロかどうかを調べていたのです。

こんな具合に、変数などの値がいくつか調べ、それによって異なる処理を実行することはよくあります。こうした条件は、比較演算の式として表すことが多いのです。

elifによる複数条件

if文は、条件によって二者択一で実行する処理を選択します。しかし場合によっては更に多くの分岐が必要となることもあります。こうした場合、Pythonではelifの分岐を広げます。

```
if 条件 :
    ……実行する処理……
elif 条件 :
    ……実行する処理……
elif 条件 :
```

```
        ……実行する処理……

……必要なだけelif:を用意……

else:
        ……実行する処理……
```

else: の代わりにelif 条件 :を使い、次々と条件を設定していくのです。最後のelse:には、それまでのどの条件も成立しなかった場合に呼び出されます。このelse:も省略できます。

多くの言語では、条件分岐はifの他に「多数の分岐を行う」ための構文（caseなど）が用意されているのですが、Pythonにはありません。Pythonの条件分岐は、ifだけです。２つ以上の分岐は、elif:を使って作成するのが基本です。

●———elifの利用例

実際にelifを使います。以下のようにスクリプトファイルを作成し実行してください。

リスト2-9 elifで複数条件を比較

```
x = int(input('Enter 1~12:'))

if x // 3 == 0:
    print('冬です。')
elif x // 3 == 1:
    print('春です。')
elif x // 3 == 2:
    print('夏です。')
elif x // 3 == 3:
    print('秋です。')
elif x == 12:
    print('冬です。')
else:
    print('よくわかりません。')
```

実行すると、「Enter 1~12:」と表示されるので、1～12の間の整数を入力してみましょう。これは、月を表す数字です。数字を入力すると、その月の季節を表示します。例えば、「3」と入力すれば、「春です。」と表示されます。13以上の値を入力すると「よくわかりません。」と表示されます。

入力した値を3で割った値（あまりを含めない）で季節を求めています。1～2月と12月のとき冬と表示など条件を複数指定しています。条件をelifでチェックすれば、多数の分岐も作れます。

while文

繰り返しの構文としてはwhile文とfor文の2つがあります。**while文**は条件をチェックしながら処理を繰り返していくものです。

```
while 条件 :
    ……実行する処理……
```

whileの後に用意する条件は、ifの条件と同様です。この条件の結果がTrueであればその後の処理を実行し、再びwhileに戻ります。条件の結果がFalseだった場合は、処理は実行せず、構文を抜けて次に進みます。つまり、条件がTrueである間、繰り返し処理を実行するのです。

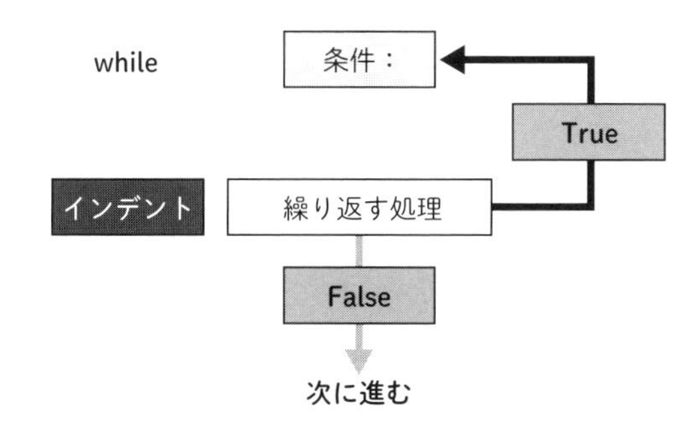

図2-4：while文は、条件がTrueの間、処理を繰り返し、Falseに変わったら次に進む。

whileの利用例

whileを使ってみます。これは正の整数を入力すると、1からその数字までの合計を計算し表示するものです。

リスト2-10 whileで繰り返し計算

```
x = int(input('Enter number:'))
total = 0
count = 1

while count <= x:
    total += count
    count += 1
print('合計は、' + str(total) + 'です。')
```

実行すると、「Enter number:」と表示されるので、正の整数を入力します。「合計は、○○です。」と計算結果を表示します。ここでは、以下のようにwhileが使われています。

```
while count <= x:
```

これで、変数countの値がxと同じか小さい間、処理を繰り返します。繰り返し実行している処理は、変数totalにcountの値を足し、countを1増やす、というものです。こうすることで、totalに1, 2, 3, ……とxまで加算していくことになるわけです。

whileでは条件がTrueのままだと無限ループに入ってしまうという弱点があります。注意しましょう。

for文

for文はリストやタプル、レンジといったシーケンス型(繰り返しの対象にできるデータのまとまり)の値を利用します。これは以下のように記述します。

```
for 変数 in シーケンス型のデータ:
    ……実行する処理……
```

forは、リストなどから順に値を取り出して処理を実行する働きをします。1度目は最初の値を取り出して処理を実行し、次は2番めの値を取り出して実行し、……という具合に、最初から最後まで値を取り出しては処理を実行する、ということを繰り返します。

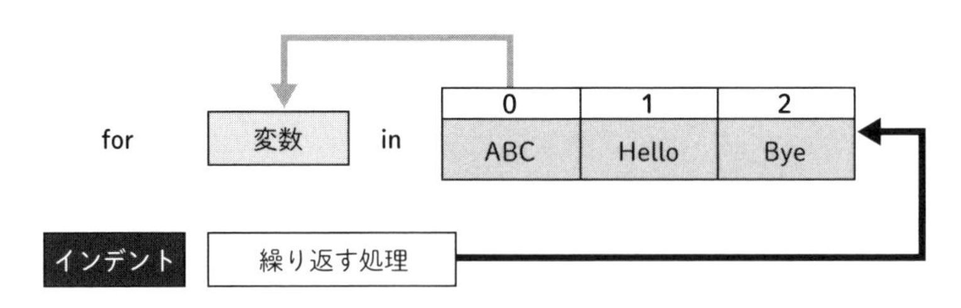

図2-5：forは、リストなどから値を順に変数に取り出し、繰り返す処理を実行する。

forの利用例

先ほどのwhileで作成した「入力した値までの合計を計算する」スクリプトを、forで書き直したらどうなるか見てみましょう。

リスト2-11 rangeとfor文の組み合わせ

```
x = int(input('Enter number:'))
total = 0

for n in range(x + 1):
    total += n
print('合計は、' + str(total) + 'です。')
```

先ほどのスクリプトと動作は全く同じです。このケースではrangeを効果的に使えたため記述がだいぶシンプルです。rangeは、一定範囲の数字を順に扱うのに適しており、forで多用される書き方です。forではtotalに変数nを足すだけで、nの値はforによって管理されているため何も処理する必要がありません。

tryによる例外処理

最後に、「例外処理」を解説します。プログラミングにはエラーはつきものです。エラーは、大きく2つの種類に分けられます。**文法エラー**(syntax error)と**例外**(exception もしくは runtime exception)です。

表2-5 エラーの分類

文法エラー	記述したスクリプトの内容が文法的に間違っている場合のエラー。プログラムを実行する際にチェックされ、文法エラーが見つかると実行されない
例外	プログラムを実行している最中に発生するエラー。実行前にはわからないもので、実行しているプログラムの状況などによって発生する

このうち、文法エラーは実行する段階(やIDEなどのツール)でチェックされ、エラーがあるとプログラム自体が動きません。

これに対し、例外は実行中に発生するものです。文法的なチェックだけでは見つからない問題です。例えば、本来必要となる値とは違う値が変数に入れられていたとか、利用するファイルが削除されていてデータが取り出せなかったというようなことが考えられるでしょう。例外には、対処するための専用の構文が用意されています。それが**try**です。

```
try:
    ……例外が発生する可能性のある処理……
except 例外クラス as 変数 :
    ……例外発生時の処理……
```

```
finally:
    ……構文を終える際の処理……
```

構文は、try, except, finallyという3つの部分で構成されます。tryは、例外が発生するかもしれない処理を用意しておくところです。そしてexceptには例外が発生したときに実行する処理を、finallyは構文を終えるときの処理をそれぞれ用意します。exceptとfinallyのいずれかは必須です。

try内の処理で例外が発生すると、そこからexcept部分にジャンプします。途中にある処理は実行されず飛ばされることになります。そして、except（またはfinally）でエラーに対する対応処理などを行ってから構文を抜ければいいのです。try構文内であれば、例外が発生してもプログラムが中断することはありません。

もし、例外が発生しなかった場合は、tryにある処理を実行後、exceptやfinallyの処理は実行せず、そのまま構文を抜けて次に進みます。

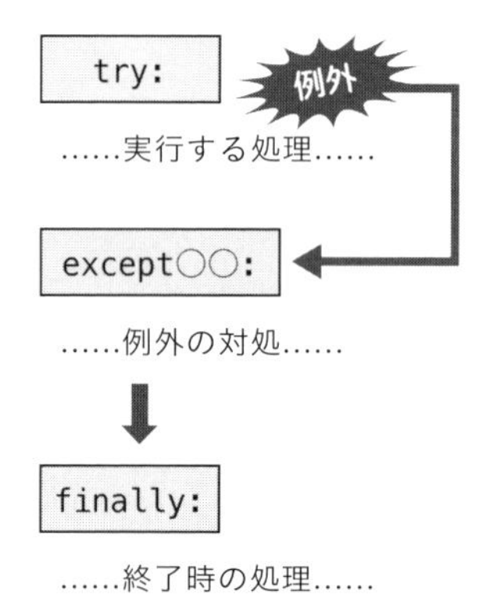

図2-6：tryは、例外が発生するとexceptにジャンプして対処するための構文。

exceptがカギ！

この中で一番重要なのがexceptの部分です。exceptの後に「例外クラス」というものを指定します。

クラス（「2-5 クラスの利用」参照）は、決まった役割に関する処理や値をひとまとめにして扱えるようにしたものです。例外クラスというのは、「発生した例外に関する情報や処理などをひとまとめにしたもの」と考えていいでしょう。

この例外クラスは、発生する例外の種類ごとにたくさんのものが用意されています。しかし一番基本となるのは「Exception」というものです。例外処理の一番基本となる書き方は以下のようなものだと考えていいでしょう。

```
try:
    ……例外が発生する可能性のある処理……
except Exception as 変数 :
    ……例外発生時の処理……
```

このtryは、実際に例外が発生するようなプログラムを書くようになったとき、初めてその意味がわかるものです。今のところは「そういう構文が用意されている」という程度の理解にとどめ、実際に使うとき（「4-2 テキストファイルの読み書き」の「ファイルアクセスの問題に対処する」）にもう少し詳しい説明を行うことにします。

2-4 関数

関数の基礎

処理の流れを整理し効率的にするのに、非常に大きな力となるのが**関数**です。関数は、あるまとまった処理をスクリプト本体から切り離し、いつでも呼び出して実行できるようにしたものです。関数を使うことで、さまざまな処理を汎用的に使えるようにできます。

関数は、自分で作ることもできますし、Python本体にも最初から多数の便利なものが用意されています。例えば、ここまでの例で使ってきたprintやinputはPythonに用意されている関数*2です。

関数の利用

関数の利用は、関数名()を書くだけです。必要があれば引数（関数の外から渡せる値）を与えます。引数が複数ある場合は、「,」で区切ります。引数が必要ないこともあります。また、Pythonにはキーワード引数という「キーワード」で引数を指定する指定方法もあります。「2-5 クラス」の「デフォルト引数とキーワード引数」で紹介します。

```
関数(引数)
```

```
関数(引数,引数...)
```

*2　組み込み関数やビルトイン関数、標準関数と呼ぶ

```
print('v') # 引数のvを表示。
input() # 文字入力を求める。
```

関数の定義

関数は新たに定義もできます。処理を効率化するために用います。

```
def 関数名( 引数 ):
        ……実行する処理……
```

関数は、**def**という予約後の後に関数の名前を書き、その後に()で**引数**を記述します。

引数は、関数が必要とする値を渡すために用います。「数字の2倍を計算する」という関数を作った場合、その数字を渡さなければいけません。こうした、関数が処理を行う上で必要となる値を渡すために使います。

引数は、()内に変数として記述します。関数を呼び出したとき、渡された値はこの変数に代入され利用できるようになります。渡す値が複数ある場合は、カンマで区切って変数を記述します。なお、値を渡す必要がない場合も、()は記述します。

関数で実際に実行される処理は、インデントします。

関数の重要機能については一部「2-5 クラス」の「デフォルト引数とキーワード引数」で解説します。

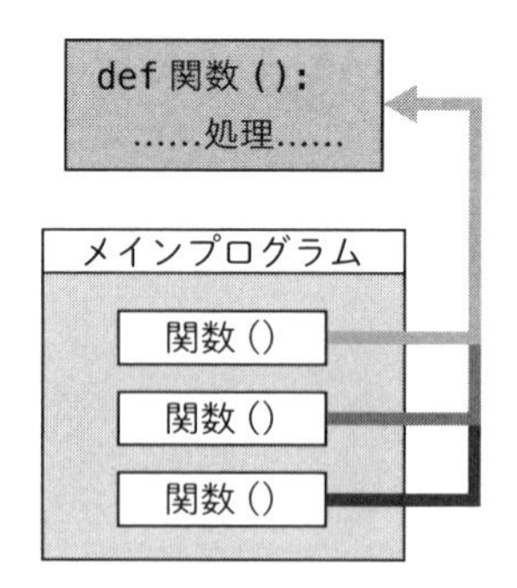

図2-7：関数を定義すると、必要に応じて何度でも呼び出し実行できる。

関数を利用する

実際に関数を作って利用してみましょう。「合計を計算する」という処理を関数にします。

リスト2-12 関数の定義と利用

```
def total(n):
    total = 0 # 関数内の処理はインデントする。
    for n in range(n + 1): # 引数nを利用
        total += n
    print('total:' + str(total))

total(10) # 関数を呼び出している
total(20)
total(30)
total(40)
total(50)
```

最初に、totalという名前の関数を用意しています。これは、整数の値を1つ引数として渡します。このtotalは、渡された値を使い、1からその数字までの合計を計算して表示します。

これを実行すると、コンソールには以下のような文が出力されることでしょう。

```
total:55
total:210
total:465
total:820
total:1275
```

ここでは、引数の数字を変えて5回、total関数を呼び出しています。こんな具合に、関数は何度でも呼び出し実行することができます。

戻り値について

このtotal関数では、計算結果を表示するだけで、その後プログラムの中では計算結果を利用できません。たとえば、計算結果をもとにさらに計算したいときなどに使えないということです。

こういうときに役立つのが**戻り値**です。戻り値(返り値とも)は、関数で処理を実行した後、関数の呼び出し元に値を返すために使います。これは関数の重要な要素なのですが、先述の定義を見てもわかりません。先に示した定義部分には、戻り値についての記述はないのです。

戻り値は、関数の処理を実行した後、「return」というもので値を返す(戻す)ことで実現されます。整理するとこういうことです。

```
def 関数名( 引数 ):
    ……実行する処理……
    return 値
```

returnで値を返します。戻り値を返すことで、その関数は、戻り値と同じ値として扱えるようになります。例えば、整数の値を戻り値として返す関数は、その関数を整数の値と同じように式の中などで使うことができるようになります。

戻り値を使う

戻り値を使った例を見てみましょう。先ほどの「合計を計算して表示するtotal関数を、計算結果を戻り値として返すように修正してみます。空行の部分もスペースを入力してインデントを他の処理と合わせてください。

リスト2-13 戻り値を使ったプログラム

```
def total(n):
    if n > 0: # 引数nが存在し、0より大きい場合実行。
        total = 0
        
        for n in range(n + 1):
            total += n
        return total # 合計値を戻り値として返す
    else:
        return 0 # nが引数になかった場合、0を返す。

s = 1 # sに一時的に数値を代入しwhileを実行できるようにする
while s: # 変数sが存在し、かつ0や''でない場合繰り返す
    try:
        s = int(input('Enter number:')) # 文字入力を求め、それを数値にする
        print('合計は、', total(s))
    except:
        s = 0 # 例外が起きた場合はsに0を代入して繰り返しをやめられるようにする。
        print('正しい数字ではありません。')
```

実行すると、「Enter number:」と表示されるので、正の整数を入力します。「合計は○○」と計算結果が表示され、再び「Enter number:」と次の値を入力するようになります。こうして次々と数字を入力し、合計を計算できます。終了したいときは、何も入力せずにEnter/Returnすると、スクリプトを終了します。

ラムダ式という関数

関数にあわせて**ラムダ式**も学びましょう。ラムダ式は、「1行だけの関数をシンプルに書くための仕組み」です。Pythonでは、文の途中に関数を用意しなければいけないことがよくあります。

このときにラムダ式はよく用いられます。ラムダ式は、以下のような形で記述します。

```
lambda 引数 : 式
```

lambdaという予約後のあとに、引数となる変数と、その引数を使った式を記述します。これで、「引数を付けて呼び出すと、式の結果が得られる」という関数が作れるのです。

このようにラムダ式は、「ただ計算し結果を返すだけ」という非常にシンプルな処理を行う関数を作るときにだけ利用されます。ここでは「ラムダ式とはなにか」「ラムダ式の書き方」だけ頭に入れておけば十分です。

基本構文で「石取り」ゲーム!

基本的な制御構文と関数がわかれば、もう簡単なプログラムは作れるようになります。例として、簡単なゲームを作ってみましょう。今回作るのは、「石取りゲーム」と呼ばれる古典的なゲームです。30個の石があり、あなたとコンピュータで順番に石をとっていきます。一度に取れる石の数は2～4個です。お互いに石をとっていき、最後の石をとったほうが負けです。

スクリプトファイルに下のリストを記述し保存しましょう。

リスト2-14 石取りゲーム

```
stone = 30 # 石の総数
min = 2 # 取る石の最小値
max = 4 # 取る石の最大値

# ゲーム説明の表示。\ (Windowsでは¥) をプログラムの途中で書くと複数行に書ける。
print('交互に' + str(min) + '-' + str(max) + \
    '個の石をとっていき、最後の石をとったほうが負けです。')

# 石が残っているかどうかチェックする関数＝勝敗を見る関数
# playerは手番 (youのときはあなた) を示す
# stoneCountは石の総数、引数stoneを与える
def checkStone(player, stoneCount):
    # 石の総数が0以下なら負け。
    if (stoneCount <= 0):
        if (player == 'you'): # 0以下のときのプレイヤーがあなたかどうか。
            print('あなたの負けです...')
        else:
            print('素晴らしい! あなたの勝ちです.')
        return True # 勝敗がついたらTrueを返す。
    else:
```

```
        return False # 勝敗がついていなければFalseを返す。

# あなたが石を取る関数
def getYou():
    global stone # 関数の外の変数stoneを操作するために必要な命令
    your = int(input('あなたはいくつ取りますか? '))
    # ゲームで指定した最小値、最大値か確認する。
    if (your < min or your > max):
        print('それはダメ!')
        return False # ここでは操作が完了しなければFalseを返して関数の実行は中断 (returnの効果)
    stone -= your # 石の総数から選択した数を抜き取る
    print('あなたは ' + str(your) + ' 個とりました.')
    return True # ここでは操作が無事に完了すればTrueを返す。

# 私 (コンピューター) が石を取る関数
def getMe():
    global stone # 関数の外の変数stoneを操作するために必要な命令
    mine = (stone - min) % (min + max) # 私がとる石を算出
    if (mine < min):
        mine = min # 算出した値が最小値より小さければ値を最小値に変更
    if (mine > max):
        mine = max # 算出した値が最大値より大きければ値を最大値に変更

    print('私は ' + str(mine) + ' 個とります.')
    stone -= mine # 石の総数から選択した数を抜き取る

# このプログラムの本体
# 石が0個になるまで続ける
while(stone > 0):

    # あなたの手番-----------------------------------------------------
    print(str(stone) + ' 個 残っています.') # 石の数を表示

    # あなたの石を取る関数の操作をして結果がFalseか確認してFalseなら実行
    if (getYou() == False):
        continue # 先頭に戻る

    # 石の総数をチェック
    if (checkStone('you', stone)):
        break # whileのループを終了する

    # コンピューターの手番-----------------------------------------------
    print(str(stone) + ' 個 残っています.') # 石の数を表示

    # コンピューターの石を取る関数
```

```
    getMe()

    # 石の総数をチェック
    if (checkStone('me', stone)):
        break

print('--おしまい.')
```

このスクリプトを実行すると、現在の石の数が表示され、「how many stones?」と尋ねてきますので、取る石の数(2～4の間)を入力します。するとコンピュータが石を取り、再びあなたに取る石の数を尋ねます。こうして交互に石をとっていき、最後の石をどちらかがとったら結果を表示します。プレイの状況は、例えばこんな感じで出力されます。

```
交互に2-4個の石をとっていき、最後の石をとったほうが負けです。
30 個 残っています.
あなたはいくつ取りますか? 3
あなたは 3 個とりました.
27 個 残っています.
私は 2 個とります.
25 個 残っています.
あなたはいくつ取りますか? 3
あなたは 3 個とりました.
22 個 残っています.
私は 2 個とります.
20 個 残っています.
あなたはいくつ取りますか? 3
あなたは 3 個とりました.
17 個 残っています.
私は 3 個とります.
14 個 残っています.
あなたはいくつ取りますか? 2
あなたは 2 個とりました.
12 個 残っています.
私は 4 個とります.
8 個 残っています.
あなたはいくつ取りますか? 2
あなたは 2 個とりました.
6 個 残っています.
私は 4 個とります.
2 個 残っています.
あなたはいくつ取りますか? 2
あなたは 2 個とりました.
```

```
あなたの負けです...
--おしまい
```

やってみるとわかりますが、コンピュータはかなり手強いですよ！　最初のstone, min, maxでそれぞれ最初の石の数、最小値、最大値をそれぞれ設定しています。これらをいろいろと書き換えて動作を確認したほうが良いでしょう。

●———全体の流れをチェック

ここでは、3つの関数を用意し、それらを呼び出して動いています。では、全体の処理の流れを見てみましょう。

最初に変数を用意する文がありますが、その後には関数が並び、更にその後にあるwhile以降がメインプログラムになります。ここでは、石がなくなるまでwhileで繰り返すという処理が行われています。

```
while(stone > 0):
```

while内ではまず「あなた」の手番から始まり、石数を表示し、その後下記を実行します。ここではgetYou()という「あなた」が石を取る関数を実行しつつ、同時に正しく関数を実行できなければwhileの先頭に戻るというプログラムになっています。

```
    if (getYou() == False):
        continue # 先頭に戻る
```

その後、石の総数と勝敗を確認する関数checkStone()を実行します。これで、勝敗がつくようならプログラムは終了(breakが実行されるため)です。

```
    if (checkStone('you', stone)):
        break # whileのループを終了する
```

続いてコンピューター側の手番です。getMe()で石を取り、同じようにcheckStone()で勝敗をチェックします。

これでメインプログラムはすべてです。ずいぶんシンプルですね。その理由は、「人間側が石を取る処理」「コンピュータ側が石を取る処理」「残りの石から勝敗をチェックする」という処理を関数に切り離しているからです。

関数を整理する

それぞれの関数がどういうものかざっと説明します。

checkStone関数

石の数をチェックし、残りがゼロ以下ならばゲーム終了とします。第一引数でプレイヤーがどちらか、第二引数で現在の石の総数を取得します。人間がとった後に残り数がゼロになっていたら、人間側の負け。コンピュータがとったあとに残り数がゼロになっていたら、コンピュータの負けになります。

getYou関数

人間側が石を取る処理です。input関数で取る数を入力してもらい、その値がmin以上max以下なのをチェックして、stoneから入力値を引きます。

getMe関数

コンピュータ側が石を取る処理です。石の数と最小値・最大値を使って取る数を計算し、stoneから引きます。

それほど難しい処理はしていないので、それぞれでプログラムの流れを考えてみましょう。「コンピュータが取る数をどう計算するか」が、このゲームの最大のポイントです。どういうやり方で計算をしているか、なぜ最適な数がわかるのか、それぞれで考えてみてください。

2-5 クラスの利用

関数からクラスへ

関数により、複雑なプログラムも整理できるようになりました。機能ごとに関数に分けていけば、長いプログラムも構造が明確になり、わかりやすくなります。ただし、関数や制御構造だけではプログラムを適切な構造で管理するには限界があります。

●———機能をグループ化する

機能が増えてくると、関数や変数を特定の用途や特定の機能に関するものでまとめたくなります。

例えば、スマートフォンやPCのアプリケーションを想像してみましょう。メニューやボタン、テキスト入力エリアなど複数のパーツから構成されています。これらのパーツを組み合わせて、1つのアプリケーションが構成されているのです。このようにアプリケーション（＝プログラム）は「いくつかの部品の集まり」としてとらえられます。部品ごとに機能を適切に分類できれば、プログラムがかなり書きやすくなるでしょう。

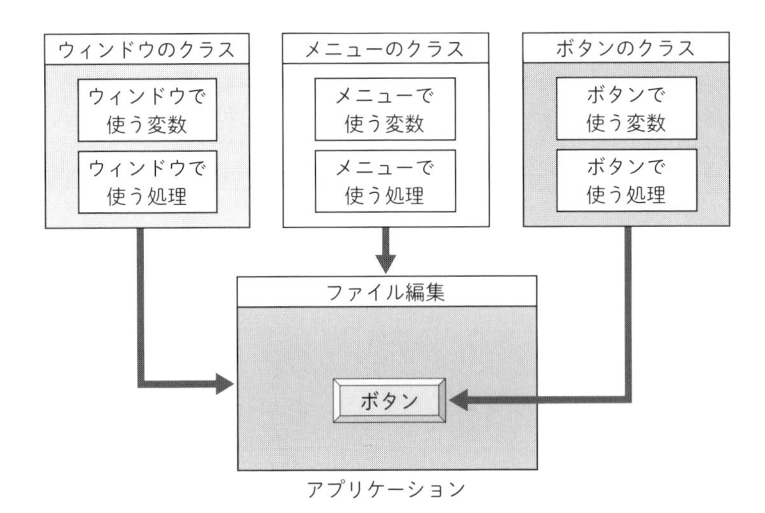

図2-8：ウインドウやメニュー、ボタンといった部品があれば、それらを組み合わせてアプリケーションを作れるようになる。

このように部品の集まりごとに機能が分割されていればプログラミングでコードを読むときも混乱が少なくなります。

●———オブジェクト指向プログラミング言語の考え方

機能をパーツとして切り分けて組み合わせる考え方が、オブジェクト指向プログラミング[*3]です。ある一連の処理や状態をパーツ＝オブジェクトとしてまとめます。オブジェクト指向プログラミングでは機能を分割して管理でき、見通しのいいプログラムが書けます。Python自身もオブジェクト指向プログラミングの考え方をもとに構築された、オブジェクト指向プログラミング言語です。

＊3　オブジェクト指向プログラミングには様々な考え方がありますが、本書では簡便な説明に留めます。

オブジェクト指向プログラミングで重要なのが処理や値をまとめた**オブジェクト**と、オブジェクトを生成する雛形となる「クラス」です。

●――クラスとは

クラスとは、オブジェクトを生み出すためのひな形のようなものです。オブジェクトがクッキーだとしたら、クラスはクッキーの切り抜き型です。オブジェクトは状態(値)や処理(関数)を持ちますが、どういった処理を持てるようにするのかといった指定をクラス側で行ってからオブジェクトを生成できます。

クラスの定義

実際にクラスを使ったプログラムを書きながら、クラスがどういったものか、オブジェクト指向プログラミング的な書き方がどんなものか身につけましょう。まずはクラスの基礎文法です。クラスには非常に多くの機能があるのですが、書き方を整理すると以下のようにシンプルなものになります。

```
class クラス名 :
    ……クラスの内容……
```

classの後に名前をつけ、最後に：をつけます。そして次行から、インデントしてクラスの内容を記述します。インデントしている間は、すべてそのクラスの中身だと判断されます。クラスの内容には「変数」と「関数」を書きます。

●――変数(プロパティ)

クラスには、そのクラスで使う情報を保管する変数(**プロパティ**あるいは**データ属性**)を用意ができます。普通の変数と同様に記述してもいいですし、後述するメソッドという処理の中で作成してもかまいません。

●――関数(メソッド)

クラスには、そのクラスで必要となる処理を関数として組み込めます。こうしたクラス内の関数は**メソッド**と一般に呼ばれます。これも、書き方としては普通の関数と同じですが、引数が少しだけ異なります。

```
def メソッド名 ( self, ……):
    ……処理……
```

何が違うかわかるでしょうか。引数の一番最初に「self」という引数が追加されています。これが、メソッドの特徴です。このselfは、このメソッドが入っているオブジェクト(インスタンスと呼ばれる)そのものを示す値です。これを利用して、そのオブジェクトの中にある変数や別のメソッドなどを呼び出せるようになっているのです。

クラスを作成する

実際にクラスを作ってみましょう。ごく単純な変数とメソッドを持ったクラス「Person」を作成してみます。このPersonには、name、mail、ageといった変数があって、それらの内容を出力するsayメソッドがあります。

リスト2-15 クラスの定義例

```
class Person:
    name = 'no name'
    mail = 'no address'
    age = 0

    def say(self):
        print('name:' + self.name + ' mail:' \
            + self.mail + ' age:' + str(self.age)) # 長い文は\で途中改行できる
```

これがPersonクラスの例です。このサンプルを見ながら、クラスがどのように書かれているか確認をしましょう。

- **クラスの内容はすべてインデントして書く**
- **変数はそのまま記述**
- **メソッドはself引数を忘れずに**
- **メソッドのsayは、特に引数など必要ない。しかし、(self)というようにself引数だけは用意しておく必要がある。これがないと、メソッドとして認識されないので注意**
- **メソッド内で変数やメソッドを使う際はselfを利用**

sayメソッドでは、name、mail、ageといった変数を利用していますが、その部分を見ると、「self.name」というように、selfの後にドットを付け、変数名を記述しています。クラスに用意されている変数やメソッドをクラス内で利用する場合は、このように「self.○○」という形で記述をします。selfは、自分自身ということです。self.nameならば、「自分自身の中にあるname」を示します。

クラスとインスタンス

作成したクラスを利用し、インスタンスを生成します。

リスト2-16 定義したクラスをインスタンスから利用

```
# リスト2-15のクラスを作っておいて一緒に実行する。
me = Person()
print(me.name, me.mail, me.age) # 「no name no address 0」と表示
me.say() # 「name:no name mail:no address age:0」と表示

me.name = 'taro' # クラス内で指定した変数を上書き
me.mail = 'taro@yamada'
me.age = 39

me.say() # 「name:taro mail:taro@yamada age:39」と表示
```

クラスをもとにオブジェクトが生成できたこと、さらにそれを上書きできることがわかります。Personというクラスを軸に機能をまとめられました。

●――インスタンスの作成

クラスは、プログラムの設計図のような役割を果たします。クラスを利用する際には、クラスを元に、実際に操作することのできる部品となるオブジェクトを作って利用をします。これは**インスタンス**と呼ばれます。インスタンスは、クラス名の後に()をつけ、関数を使うように作成します。

```
変数 = クラス ()
```

こうして作成したインスタンスを変数に代入し、以後はこの変数からインスタンスを操作します。例えば、ここではインスタンス内にある変数に値を設定したり、インスタンス内のメソッドを呼び出したりしています。これらは、すべて「インスタンス.○○」という形で記述します。先ほど、クラス内にあるものを利用するのに「self.○○」と記述をしましたが、このselfがインスタンス(が代入されている変数)に置き換わったと考えればいいでしょう。

初期化メソッド

より効率的な使い方を身につけましょう。インスタンスを作成し、各変数を代入する処理を簡便化するために初期化処理を行うメソッドを利用します。

初期化処理は、「__init__」という名前のメソッドとして用意されています。このメソッドは、selfの後の引数に必要な項目を追加して作ります。そして、引数として渡された値を使ってインスタンスの初期化処理を行います。Pythonでは特殊なメソッドには__メソッド__のように前後に2つのアンダーバーを付ける慣習があります。

```
def __init__(self, ……引数……):
    ……初期化処理……
```

初期化処理を使う

先程のリスト2-15、2-16を参考に初期化処理するものに修正して使い方を見ます。

リスト2-17 初期化処理を交えたクラスの利用

```
class Person:
    # 初期化メソッド、selfの他にnameとmailとageの引数をとる
    def __init__(self, name, mail, age):
        self.name = name # インスタンスの生成時に引数nameをインスタンスのnameに代入
        self.mail = mail
        self.age = age

    def say(self):
        print('name:' + self.name + ' mail:' \
            + self.mail + ' age:' + str(self.age))

me = Person('taro','taro@yamada',39)
you = Person('hanako','hanako@flower',45)

me.say() # 「name:taro mail:taro@yamada age:39」と表示される
you.say() # 「name:hanako mail:hanako@flower age:45」と表示される
```

初期化メソッドがどの様になっているのか見てみましょう。

```
def __init__(self, name, mail, age):
```

このようにメソッドは定義されています。selfの後に、name, mail, ageという3つの引数が追加されています。そしてこれらの値を、それぞれインスタンス内の変数に代入しています。

このように__init__メソッドを用意すると、インスタンス作成の書き方が変わってきます。このようにインスタンスを作成していますね。

```
me = Person('taro','taro@yamada',39)
```

引数に、名前、メールアドレス、年齢の値を指定しています。__init__メソッドを用意すると、このようにインスタンスを作成する際に引数を用意することになるのです。インスタンス作成時に必要な値をまとめて渡し、必要な処理をすべて行えます。

●――変数が消えた？

このサンプルを見ると、当初のPersonクラスには用意されていたname, mail, ageといった変数が消えていることに気がつくでしょう。なぜなら「__init__で変数に値を代入した時点で作成されるので、変数の宣言を用意する必要がない」からです。例えば、self.name = ○○ というように値を代入すると、その時点でname変数がインスタンス内に用意されます。__init__を用意すると、インスタンス作成時に必ずこれらの変数に値を代入していくため、クラス定義のところにわざわざ変数の宣言を書く必要がないのです。

キーワード引数とデフォルト引数

引数が増えてくると、それぞれの引数がどういう値だったのかわからなくなってきます。先の例でもname, mail, ageといった値を用意しましたがこれらの順番や内容を覚えておくのは少し手間です。実は、引数に関数定義時の名前でアクセスできます。先程のクラスPerson（の__init__メソッド）には次のようにもアクセスできます。キーワード引数といいます。

```
# 先の例でキーワード引数を使ってみる
me = Person(name='taro', mail='taro@yamada', age=39) # このように指定できる
me = Person(mail='taro@yamada', name='taro', age=39) # 順番を入れ替えても動く
me = Person(name='taro', age=39) # 省略した場合はエラー！
```

このようにキーワード引数は便利に使えますが、引数の省略などには対応していません。このようなときに役立つのが引数にあらかじめ値を与えておくデフォルト引数です。Pythonには関数の定義時にあらかじめ引数に入れておく値を設定できます。関数の利用時に引数を指定すれば上書き、指定しなければそのまま利用されます。

```
def 関数名(引数名=デフォルト引数,...) :
    ……処理……
```

```
def showInfo(name='taro', hobby='music'):
    print(name, hobby)

showInfo() # 「taro music」と表示、デフォルト引数が利用される
showInfo('hanako', 'walking') # 「hanako walking」と表示、上書きされた
```

キーワード引数とデフォルト引数を組み合わせて使えば、適宜引数を省略したり、順番を覚えなくてよくなったり、関数がもっと便利に利用できそうです。より本格的な例で試してみましょう。

リスト2-18 キーワード引数の活用

```
class Person:

    def __init__(self, name='no name', mail='no address', age=0):
        self.name = name
        self.mail = mail
        self.age = age

    def say(self):
        print('name:' + self.name + ' mail:' \
            + self.mail + ' age:' + str(self.age))

me = Person('taro','taro@yamada',39)
you = Person('hanako')
he = Person()

me.say() # 「name:taro mail:taro@yamada age:39」
you.say() # 「name:hanako mail:no address age:0」
he.say() # 「name:no name mail:no address age:0」
```

例では一部「no name」「no address」といった値や、age:0の出力が見えますが、これらは引数を省略した際に用いられる値です。

プライベート変数とクラスメソッド

Pythonにはプライベート変数(クラス外からアクセスできない変数)はありません。変数名の最初に_を付けて代用します。例えば「_mail」はプライベート変数として通常使われます。インスタンスを作り、外部から値を操作しようとしてもできない変数、内部でだけ参照する状態などに用います。

もう一つ押さえておきたいのがクラスメソッドです。クラスメソッドはインスタンスを作成せずにクラスから直接利用できるメソッドです。

```
@classmethod
def メソッド名 (cls, 引数 ):
    ……実行する処理……
```

defの前に、@classmethodを記述します。これは「アノテーション」と呼ばれるもので、クラスやメソッドなどの手前につけて、それがどういう性質のものかを示すものです。@classmethodをつけることで、これがクラスメソッドであることを指定されます。

継承

クラスを利用する利点の1つに、「プログラムの再利用が可能になる」というところにあります。これは、単に「1つのクラスから引数などを変更してさまざまなオブジェクトが生成できる」ということだけではありません。作成したクラスを利用して、更に強力なクラスを簡単に作る機能がPythonにはあります。継承です。

継承は、すでにあるクラスの機能を受け継いで、新しいクラスを定義するためのものです。継承を利用したクラスの定義は以下のように行います。

```
class クラス名 ( 継承するクラス ):
        ……実行文……
```

クラス名の後に()を用意し、その中に継承するクラスを指定します。これだけで、()に指定したクラスの機能(その中にあるすべてのプロパティとメソッド)が利用できるようになります。

継承は、1つのクラスしか行えないわけではありません。複数のクラスを継承して新しいクラスを作ることもできます。この場合は、()部分に継承するクラスをカンマで区切って記述します。

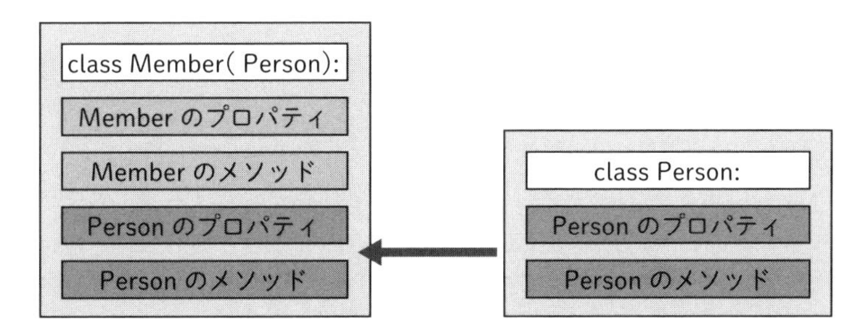

図2-9：継承を使うと、既にあるクラスのプロパティとメソッドを取り込んで使えるようになる。

継承を利用しよう

先に作成したPersonクラスを継承し、Memberという新しいクラスを作って利用してみます。

リスト2-19 継承を用いたクラス

```
class Person:
    def __init__(self, name='no name', mail='no address', age=0):
        self.name = name
        self.mail = mail
        self.age = age

    def say(self):
        print('name:' + self.name + ' mail:' \
            + self.mail + ' age:' + str(self.age))

# PersonクラスをSMemberクラス
class Member(Person):
    def say(self):
        print('My name is ' + self.name + '. I am ' + str(self.age) + \
            "year's old. ")
        print('    please send mail to "' + self.mail + '".')

me = Person('taro','taro@yamada',39)
me.say() # 「name:taro mail:taro@yamada age:39」
you = Member('hanako', 'hanako@flower', 45)
you.say() # 「My name is hanako. I am 45year's old.  please send mail to
# "hanako@flower".」
```

これを実行すると、PersonとMemberのインスタンスをそれぞれ作成し、sayメソッドで内容を出力します。コンソールには以下のようなテキストが出力されるでしょう。

```
name:taro mail:taro@yamada age:39

My name is hanako. I am 45year's old.
  please send mail to "hanako@flower".
```

MemberはPersonを継承しています。Personで使ったようにプロパティが使え、しかも出力の内容はPersonよりもわかりやすくなっています。Memberクラスの中には本来はプロパティを設定したメソッドはありません。継承しているPersonの中に用意されているため、これらが使えるようになっているのです。これが継承の力です。

基底クラスと派生クラス

継承を使ってクラスを作成するとき、継承する元になっているクラスを「基底クラス」と呼びます。また、継承して新たに作成したクラスを「派生クラス」と呼びます。先ほどの例で言えば、Personが基底クラス、Memberが派生クラスになります。

オーバーライド

このMemberクラスでは、sayメソッドを用意しています。これは、Personクラスにも用意されていました。全く同じメソッドをMemberにも用意しているのです。

どちらのクラスにもMemberクラスはPersonクラスを継承していますから、Personにあるsayメソッドも使うことができます。しかし、Memberにsayメソッドを用意することで、Memberのsayが呼び出されるようになり、継承元のPersonのsayは使われなくなります。

このように、基底クラスのあるメソッドを派生クラスに置くことで、メソッドを上書きすることを「オーバーライド」と呼びます。オーバーライドによって、利用する側からすれば感覚的に「メソッドを書き換えた」ということになります。

例えば、先ほどのMemberは、sayメソッドを書き換えたことになります。利用する側は、どちらのクラスであってもただsayを呼び出すだけです。継承とオーバーライドにより、それまで使っていたsayメソッドがパワーアップしたかのように感じられるでしょう。

Column

クラスは「使えればOK」?

ここまでの説明で、「クラスを理解するのはなかなか難しそうだ」と感じたかもしれません。これはその通りです。クラスには、ここに説明した以外の機能もいろいろとあり、完全に使いこなすためには相当な努力が必要でしょう。ただし、おそらく皆さんがPythonでプログラミングを行う場合、しばらくは、自分で複雑なクラスを、積極的に書くことはおそらくありません。

それでは、なぜクラスの基本的な説明をあえてしたのか？ 「クラスを使えるようにするため」です。クラスを利用することは頻繁にあります。Pythonにはたくさんのライブラリがあり、多くのクラスが用意されています。クラスの使い方がわからないと、これらを利用できないのです。

クラスは、まずは「使えればOK」と割り切って考えましょう。そしてある程度Pythonのプログラミングに慣れてきたら、(その頃には、ある程度の規模のプログラムを書けるようになっているはずですから)クラスを作って利用することに挑戦していけばよいのです。

2-6 標準で用意される関数

Pythonの組み込み関数

Pythonにもともと用意されている関数、組み込み関数を紹介します。

値を入力する

・テキストの入力

```
input( テキスト )
```

絶対値と実数の丸め

・絶対値を得る

```
abs( 値 )
```

・数を丸める(実数の値を最も近い整数に近づける)

```
round( 実数 )
round( 実数 , 桁数 )
```

リスト2-20 入力した数字の整数の絶対値

```
str = input('number:')
num = float(str)
abs_num = abs(num)
round_num = round(abs_num)
print(round_num)
```

リストを順に並べる

・リストの並べ替え

```
sorted( リスト , key= 関数, reverse= 真偽値 )
```

第1引数には、並べ替えるリストを指定します。基本はこれだけあれば利用でき、その他のものはオプション扱いの引数です。

keyは、リストに単純な値でなく、クラスのインスタンスなどが保管されている場合に、そのクラスのどの値を使って並べ替えるかを関数で指定するものです。reverseは、正順か逆順かを指定するもので、Trueにすると逆順になります。sortedも含め、ここで紹介する引数がリストの関数はその他タプルなどのシーケンス型、繰り返し可能な型のデータを指定できます。

リスト2-21 リストを逆順に並べ替える

```
arr = [5,3,4,1,2]
print(sorted(arr, reverse=True))
```

これは数字をまとめたリストを大きい値から順に並べ替えて表示する例です。sortedの引数にarr、reverseにTrueを指定しています。これで、[5, 4, 3, 2, 1]とリストの内容が表示されます。

●――リストを逆順にする

・リストの逆順を得る

```
reversed( リスト )
```

リストを逆並びにするものです。引数にリストを指定すると、逆並びになったリストのイテレータが返されます。「イテレータ」というのは、値を順に取り出すのに用いるオブジェクトです。これを繰り返しなどで利用することで、順に値が取り出せるようになっています。

●――データの集計

・要素数を得る

```
len( リスト )
```

・最小値／最大値

```
min( リスト )
max( リスト )
```

・合計を計算する(文字列は不可)

```
sum( リスト )
```

数値データを集計するような作業は、ここにあげた関数を使うことでずいぶんと簡単に行えるようになるでしょう。例えば、テストの点数を集計する処理を考えてみます。

リスト2-22 データの平均・最低点・最高点を表示する

```
# 集計するデータ
data = [
    98, 76, 54, 89, 78,
    54, 49, 85, 97, 70,
    69, 83, 91, 60, 77,
    59, 81, 79, 85, 98,
]

# 合計から平均を計算する
total = sum(data)
ave = total / len(data)

# 平均・最小値・最大値を表示
print('平均：' + str(ave))
print('最低：' + str(min(data)))
print('最高：' + str(max(data)))
```

dataという変数に、20の点数をまとめてあります。実行すると、以下のような結果が出力されます。

```
平均：76.6
最低：49
最高：98
```

平均と最低点・最高点が表示されます。dataの部分を、例えばテストの結果に書き換えれば、その結果が簡単にわかります。こんな具合に、たくさんの数値を集計し、「合計」「平均」「最小値」「最大値」といった値を調べるぐらいなら、Pythonの組み込み関数で簡単に行えるのです。

Column

関数の中の関数

このChapterのサンプルでは、次のように関数の中にさらに関数を組み込んだ書き方をしています。

```
print(int("1"))
```

print関数の引数の中にint関数があります。「何らかの値を返す関数」は、返す値そのものとして扱えます。例えば、整数の値を返すmin関数は、整数の値と同じものとして扱えますし、文字列を返すstrは文字列の値として扱うことができます。こんな具合に関数の引数の中にさらに別の関数を書いたりすることもできるのです。なんとなく引数に与えた関数がいつ実行されるのかわかりづらいですが、基本的に引数の中から順に解決されていく(実行されていく)とイメージしてください。

慣れると、こうした書き方はスクリプトをより短くまとめて記述するのに役立ちます。今のうちからこの書き方に慣れておきましょう。

Column

Pythonプログラミングのコメントと行継続

Pythonの文法のうち、しっかりとは紹介しなかった大事なポイントが2つだけ残っています。

1つがコメントです。Pythonでは「#」のあとに記入した内容はプログラム中で無視されます。これを活かして、メモなどをプログラム中に書きます。ただし、文字列中などでは「#」を書いても以降はコメントとなりません。

もう1つが行継続です。Pythonでは行が長くなりすぎたときに途中に\を挟んで行を分割できます。「\」の直後で改行することで、「\」と改行がプログラム中で存在しないように扱えます。なお\はWindowsでは￥キーを押して入力します。フォントによっては\が￥で表示されることがあります。

Column

Pythonの文法をもっと学びたいときは?

本書ではPythonの文法を完全に網羅することは目指していません。文法については基本的なものを厳選して解説し、「Pythonで実際に何ができるか知りたい」「より本格的なプログラムに挑戦する」という部分を重点的に解説しています。

もしもPythonの文法そのものにさらなる興味のある人がいれば、巻末に記した参考文献やPythonのドキュメントが助けになるかもしれません。Pythonは有志によって日本語ドキュメントが管理されています。

* ドキュメント全体　https://docs.python.org/ja/3/
* チュートリアル　https://docs.python.org/ja/3/tutorial/index.html
* リファレンス　https://docs.python.org/ja/3/reference/index.html

Chapter

3

ライブラリを活用する

Pythonの人気を支える最たるものはライブラリの充実でしょう。ライブラリとはプログラムの機能を拡充する、一連のコードの集まりです。Pythonでは標準ライブラリ、サードパーティライブラリのいずれも強力です。基本的な使い方を身につけましょう。

3-1 基本的な値のライブラリ

標準ライブラリ

Pythonには、さまざまな機能を実現するための**ライブラリ**が用意されています。これは**モジュール**と呼ばれる形で組み込まれています。

モジュールは、クラスや関数の形で便利な機能をまとめていつでも使えるようにしたものです。標準ライブラリ、特に追加でインストールする必要がないプログラミング言語についてくるモジュール、がPythonでは充実しています。標準ライブラリの機能を押さえることは、Pythonプログラミングで重要なステップです。

モジュールの基礎とmathモジュール

モジュールの例として、値の基本ともいえる「数値」を扱う、「math」モジュールを紹介します。

●モジュールの使い方

モジュールを使うためには、「import」という文を使います。スクリプトの一番最初に、以下のような文を用意します。

```
import モジュール
```

これで、指定したモジュールの機能が使えるようになります。mathモジュールを利用するのであれば、このように書きます。

```
import math
```

この他、モジュール内から特定の物だけをimportするなどさまざまな使い方ができますが、この「import モジュール」さえ押さえておけば、モジュールは使えるようになります。

モジュール内の関数などは、モジュール名のあとにドットを付けて名前を記述します。例えば、mathモジュールに「abc」という関数があるとしたら、「math.abc()」というように記述して呼び出します。

小数の切り上げ、切り下げ

・切り上げ

```
math.ceil( 値 )
```

・切り下げ

```
math.floor( 値 )
```

組み込み関数には、小数の値を丸めるround関数がありました。ここにあげた2つは小数点以下を切り上げたり切り下げたりして整数の値を得るための関数です。ceilは切り上げ、floorは切り下げした値を得るものです。いずれも実数の値を引数に指定して呼び出すと、整数値が返されます。

リスト3-1 実数の切り上げ・切り下げ

```
# モジュールのインポートはプログラムの一番上に書く
import math # mathモジュールをインポート

n = 12.34

print(math.ceil(n)) # 「13」に切り上げ
print(math.floor(n)) # 「12」に切り下げ
```

乱数でミニゲームを作る─randomモジュール

乱数(ランダムな数)は、さまざまなところで必要になります。ゲームのようなプログラムでは必須の機能ですね。乱数は、「random」というモジュールに用意されています。この中には多くの関数が用意されていますが、非常によく利用されるものだけまとめておきましょう。

・実数の乱数(0以上1未満の乱数)

```
random.random()
```

・整数の乱数(0または下限以上、上限未満の範囲で整数の乱数)

```
random.randrange( 上限値 )
random.randrange( 下限値 , 上限値 )
```

●——サイコロ・ゲーム

乱数の簡単な例として、コンピュータとプレイヤーが交互にサイコロを投げて、先に合計が20になったら勝ち！ というゲームを作ってみましょう。

リスト3-2 サイコロを投げて合計を競うゲーム

```
import random # randomモジュールをインポート

me = 0
you = 0
end_point = 20

while(True): # 無限ループ
    input('--push enter or return--')
    rnd = random.randint(1, 7)
    you += rnd
    print('you:' + str(rnd) + ' total:' + str(you))
    if (you >= end_point): # 条件に合致する場合ループを抜けるための処理
        print('*** you win! ***')
        break
    rnd = random.randint(1, 7)
    me += rnd
    print('me:' + str(rnd) + ' total:' + str(me))
    if (me >= end_point):
        print('*** I win! ***')
        break # 条件に合致する場合ループを抜けるための処理
print('---end---')
```

実行すると「--push enter or return--」と表示→Enter/Returnキーを押します。プレイヤーとコンピュータが1～6の数字をランダムに選んで足していきます。先に合計が20以上になったら勝ちです。ここでは、andom.randint(1, 7) として1～6までの整数をランダムに取り出しています。この値をyouとmeに交互に足していき、それぞれの値が20以上になったらbreakでwhileを抜けます。whileの条件を見ると、Trueと設定されていますね。これは「エンドレスで繰り返し続ける」というものです。そして中のif文で必要に応じてbreak（繰り返しを抜ける）で抜け出すようにしています。

●——数字をランダムに並べる

・リストからランダムに得る

```
random.choice( リスト )
```

・リストをかき混ぜる(引数のリストの順序を入れ替える、引数のリストそのものに影響)

```
random.shuffle( リスト )
```

リストを入れ替える

1から10までの数字をランダムに並べます。

リスト3-3 1～10の数字をランダムに並べる

```
import random

data = list(range(1,11)) # 1から10までの数字を生成。
random.shuffle(data) # shuffleは引数そのものを入れ替える（リストを返す関数ではない）
print(data) # 「[4, 8, 3, 1, 6, 5, 9, 10, 2, 7]」などランダムな配列が表示される
```

3-2 日時の扱い―datetimeモジュール

datetimeと日時の値について

日時に関する値は、datetimeモジュールを使います。datetimeモジュールには「date」「time」「datetime」の3つのクラスがあります。これらを介して日付関連の操作をします。注意点としてdatetimeモジュールの下に更にdatetimeクラスがあるなどこれまで利用してきたモジュールと比べると作りがやや分かりづらい点があります。

```
import datetime

datetime.date
datetime.time
datetime.datetime
```

fromを使ったインポート

これをシンプルに書くためにモジュールからクラスを取り出して書けます。

```
from モジュール import クラス
```

この書き方を使えばdateなどをdatetimeを介さず、そのままプログラム中で使えます。

```
from datetime import date # dateクラスをそのまま使う

date.today() # モジュール名を省略していきなりクラスを使っている
```

●――日付の値「date」

日付を扱うクラスは「date」です。年月日の情報を扱います。時分秒といった時刻に関する情報はありません。dateは、メソッドを使ってインスタンス(dateオブジェクト)を作成します。日付(年月日)の操作にはdateオブジェクトが必要です。

・今日のdateを作成する(from datetime import dateとした場合)

```
date.today()
```

・年月日を指定して作る(from datetime import dateとした場合)

```
date(year=年, month=月 , day=日 )
```

●――時刻の値「time」

時刻を扱うためのクラスは「time」です。これは、時分秒ミリ秒といった値を指定してインスタンスを作ります。引数には、時分秒マイクロ秒(100万分の1秒)といった値をそれぞれ指定してインスタンスを作ります。例はfrom datetime import timeとしています。

```
time( hour=時 , minute=分 , second=秒 , microsecond=マイクロ秒 )
```

●――日時の値「datetime」

dateとtimeをあわせて、日付から時刻まですべて扱えるようにしたのがdatetimeと考えていいでしょう。年月日は必須です。それ以外は、必要に応じて値を用意します。用意しなければゼロが初期値に設定されます。例はfrom datetime import datetimeとした場合です。

```
datetime(年, 月, 日, hour=時, minute=分, second=秒, microsecond=マイクロ秒 )
```

時間を表す「timedelta」

この他に、「timedelta」というクラスも重要です。これは、特定の長さの時間を扱うために利用されます。例えば「1日」「1時間」といった決まった時間の長さを表すのにtimedeltaが用いられるのです。このtimedeltaは、以下のようにしてインスタンスを作成します。例はfrom datetime import timedeltaとした場合です。

```
timedelta(days=日, seconds=秒, microseconds=マイクロ秒, milliseconds=ミリ秒,
minutes=分, hours=時, weeks=週)
```

これら引数は、全部用意する必要はありません。利用したいものだけを用意します。例えば、「1週間の長さを表すtimedelta」なら、timedelta(weeks=1)とすればいいのです。このtimedeltaは、インスタンスを作って利用することもありますが、それ以上に日時の計算の結果として利用されることが多いでしょう。

日時を足し算する

基本となるクラスについて簡単に説明しましたが、これだけではどう利用すればいいのかよくわからないでしょう。日時の値をプログラムの中で利用するときというのは、日時の計算を行うことが多いものです。例えば、「今日から10日後は何日？」とか、「来年のクリスマスまで何日ある？」といった具合です。例を見てみましょう。

リスト3-4 1000日後を計算

```
# datetimeモジュールからクラスdate、time、datetime、timedeltaを取り出す。
from datetime import date, time, datetime, timedelta

today = date.today()
d1 = timedelta(days=1000)
result = today + d1
print(result.isoformat())
```

実行時から1000日後の日付が表示されます。以下のような手順で計算しています。

1. **today = date.today() で今日のdateインスタンスを作成します。**
2. **d1 = timedelta(days=1000) で、1000日間を表すtimedeltaインスタンスを作成します。**
3. **result = today + d1 でtodayにd1を足し算(今日の日付に1000日を足す)します。**
4. **print(result.isoformat()) で日付を表示します。isoformatメソッドは、ISO-8601という国際標準**

の形式で日時を表した文字列を返すものです。

このように、date/time/datetimeのインスタンスは、timedeltaインスタンスで表す日時の長さを足し算や引き算することができます。これで、決まった時間だけ経過した日時を計算できるのです。timedelta関数の引数であるdays=1000の部分の値を書き換えれば、「今日から○○日後」の日付を調べることができます。daysの値をマイナスの値にすれば、「○○日前」も調べられます。

日時を引き算する

日時の計算では「引き算」もよく用いられます。「dateからdateを引く」という引き算、つまり、2つの日時の差(何日間あるか)を計算することです。これもサンプルを見ながら説明します。例として、2001年1月1日から今日まで何日経過したかを計算させてみます。

リスト3-5 2001年1月1日から今日まで何日経過したか計算

```
from datetime import date, time, datetime, timedelta

today = date.today() # 今日
millennium = date(2001, 1, 1) # 求める日付
result = today - millennium # 引き算を行う
print(str(result.days) + '日間')
```

このように、2つのdateを引き算すると、その間隔を表すtimedeltaが得られるようになっています。timedeltaには、日時の単位を指定して、その単位がいくつ分か、という形で時間の長さを取り出すことができます。例えば、ここでのresult.daysは、1日の長さいくつ分か? という形で長さを取り出しています。同様のものとして、何秒かを調べるseconds、何マイクロ秒かを調べるmicrosecondsといったものが用意されています。

3-3 文字列処理

strクラスを使いこなす

Pythonで使われる様々な値の中で、数値の次に多用されるのが文字列でしょう。数値と異なり、「文字列の処理」と言われるとどういうことを行うのか直感的に思い浮かばないところがあるかも知れません。

文字列処理というのは、文字列の長さ(文字数)を調べたり、文字列の中の一部分だけを取り出したり、決まった場所で分割したりつなげたりといった操作をして、必要な文字列を作成する処理です。この文字列処理を行うためには、大きく2つの機能が用意されています。1つは文字列のクラスである「str」に用意されているメソッド。もう1つは、文字列処理のために用意されているライブラリのクラスです。ライブラリの前にメソッドを見てみましょう。

●――文字列は「str」インスタンス

strは、Pythonに用意されている「文字列を扱うためのクラス」です。文字列の値というのは、実は「str」というクラスのインスタンスなのです。例えば、"Hello"といった文字列リテラルは、str("Hello")と同じだと考えることができます。このstrは、他の方の値を文字列に変換するのに使ったことがありました。例えば、str(123)とすることで"123"という文字列を作ることができましたが、それもstrインスタンスを作るということだったのです。

このstrクラスの中には、文字列操作に関するメソッドがいろいろと用意されています。主なものを以下に整理しておきましょう。

・文字数を得る(strクラスのメソッドではないが文字列処理で重要な関数)

```
len( 文字列 )
```

・大文字(upper)/小文字(lower)に変換

```
《文字列》.upper()
《文字列》.lower()
```

・指定の文字列で開始／終了するか

```
《文字列》.startswith( 文字列 [, 開始位置] [, 終了位置] )
《文字列》.endswith( 文字列 [, 開始位置] [, 終了位置] )
```

・文字列の検索

```
《文字列》.find( 文字列 [, 開始位置] [, 終了位置] )
```

文字列の中に、指定した文字列が含まれているかを調べ、その位置(インデックス)を返します。引数には、検索する文字列を指定します。オプションとして、どの位置から検索を始めるか、どの位置まで調べるかを整数で指定することもできます。

・文字列の置換

```
《文字列》.replace( 検索文字列 , 置換文字列 [, 回数] )
```

文字列で、指定した文字列部分を指定の文字列に置換します。第１引数には検索する文字列、第２引数には置換する文字列を指定します。複数の検索文字列がある場合は、オプションとして置換する回数を指定できます。

・文字列をリストに分割

```
《文字列》.split( 文字列 )
```

《文字列》を引数の文字列に指定した文字でリストに分割した値を返します。

・リストを文字列にまとめる

```
《文字列》.join( リスト )
```

リスト(タプル・文字列なども可)に保管されている値をすべてつなぎあわせて１つの文字列にします。《文字列》は、各値をつなげるために間に挟まれる文字列になります。例えば、','.join(['a', 'b', 'c']) とすると、'a,b,c' という文字列が得られます。

文字列を置換する

これらの中でも特に威力大なのが、検索・置換関係のものでしょう。文字列の置換ができると、テキストを自由に書き換えられるようになります。例として、「問題文の一部を伏せ字にする処理」というのを考えてみましょう。

リスト3-6 文字列を置換して表示

```
s = "瓜売りが瓜売りに来て 瓜売り残し売り売り帰る 瓜売りの声"
result = s.replace("瓜","●")
print(s)
print(result)
```

問題文は変数sに保管されています。ここでは「瓜」という字をすべて伏せ字(●)に置換した文字列を作成します。これを実行すると、以下のように出力がされます。

```
瓜売りが瓜売りに来て 瓜売り残し売り売り帰る 瓜売りの声
●売りが●売りに来て ●売り残し売り売り帰る ●売りの声
```

国語の問題文づくりに使えそうな処理ですね。あるいは、例えば普段使うメールの定型文を用意して商品名やイベント名だけ置換するなど、いろいろと応用ができるでしょう。

●——大文字小文字の問題

文字列の検索・置換を考えるとき、注意しなければいけないのが「英語の大文字小文字」です。例えば、こんな処理を考えてみましょう。

リスト3-7 大文字小文字に関係なく置換(失敗！)

```
s = '''
One Little, two little, three little Indians
Four little, five LITTLE, six liTTle Indians
Seven LittlE, eight little, nine LittLe Indians
Ten Little Indian boys.
'''



result = s.replace("little","BIG")
print(result)
```

変数sに保管されている文字列から、littleをすべてBIGに置換して表示する、というものです。実際にやってみると、LITTLEやLittleなど、大文字が含まれている単語は置換されません。replaceでは、大文字小文字がすべて同じものしか検索されないのです。文字列をすべて大文字あるいはすべて小文字に変換してから実行するとうまくいきます。

リスト3-8 大文字小文字に関係なく置換(成功！)

```
s = '''
One Little, two little, three little Indians
Four little, five LITTLE, six liTTle Indians
Seven LittlE, eight little, nine LittLe Indians
Ten Little Indian boys.
'''

f = "little"
r = "BIG"
s2 = s.lower()
n = 0

while (s2.find(f,n) != -1):
    i = s2.find(f,n)
    s = s[:i] + r + s[(i + len(f)):]
    s2 = s2[:i] + r + s2[(i + len(f)):]
    n = i + len(r)

print(s)
```

```
One BIG, two BIG, three BIG Indians
Four BIG, five BIG, six BIG Indians
Seven BIG, eight BIG, nine BIG Indians
Ten BIG Indian boys.
```

処理の流れを整理する

ここでは、変数sの文字列をすべて小文字に変換した変数s2を用意しています。このs2で文字列を置換していきます。一連のWhileの処理を確認します。

```
while (s2.find(f,n) != -1):
```

findでs2の中に検索文字列fがn文字目以降含まれているかをチェックします。含まれないと結果は-1になります。whileに指定した条件によって、含まれる限りは処理が続きます。

```
    i = s2.find(f,n)
```

変数sの文字列を分解し、"検索文字列より前の部分"+置換文字列+"検索文字列より後の部分"になるように文字列をつなぎ合わせます。これによって置換文字列ができます。

```
    s2 = s2[:i] + r + s2[(i + len(f)):]
```

同じことをs2にも行います。findでの検索に使うために文字数を揃えたいからです。

```
    n = i + len(r)
```

検索開始位置を示す変数を、「検索文字のある位置iに置換文字列rの文字数を足した値」に書き換え、次の繰り返しに進みます。

これで、大文字小文字に関係なく文字列を置換できるようになります。「すべて小文字に変換し、繰り返しとfindで文字列を1つずつ置換していく」というのがポイントです。

ここではあえて複雑な手順を示しましたが、「4-1 正規表現」で説明する「正規表現(reモジュール)」を使えば、こういう処理ももっと簡単に行えるようになります。

●――文字列のインデックス指定

サンプルでは、文字列の一部分をs[:i]というようにして取り出しています。Pythonでは、文字列というのは1文字1文字の「文字のリスト(シーケンス)」と考えることができます。ですから、添字を使って文字列の一部を指定し取り出すことができるのです。

添字は、[x]として「インデックスxの値」を指定できるだけでなく、[a:b]というようにして「a～bの範囲の値」を指定することもできます。[:x]のように省略すると「最初からxまでの範囲」となりますし、[x:]とすれば「xから最後までの範囲」になるのです。

この添字を利用して、「最初から検索された場所までの文字列」「検索文字列の後から最後までの文字列」というように文字列を取り出してまとめていたのです。

3-4 数値計算のNumPy

numpyパッケージを利用する

Pythonは最初から付属する標準ライブラリだけでも多様な操作ができますが、さらに強力な**サードパーティライブラリ**[*1]が存在します。

これらのライブラリは、「パッケージ」として配布されています。パッケージは、必要なプログラムやその他のファイル類を一式まとめたものです。Pythonでは、外部パッケージをいつでも簡単に追加し利用することができます。本書で利用しているAnacondaでは、Navigatorにパッケージを管理するための機能が用意されており、それを利用してパッケージの追加や更新などが行えるようになっています。よく利用されるパッケージを実際に管理、利用してみましょう。

●――numpyパッケージについて

例として、「numpy[*2]」というパッケージを使ってみることにしましょう。これは、ベクトルや行列などの処理を中心とした数値演算のためのパッケージです。Pythonではさまざまな数値解析のためのライブラリ類がありますが、それらの多くは、このnumpyを利用して作られています。いわば、Pythonの数値演算の基本パッケージといってよいでしょう。

●――numpyのインストール(Anaconda)

numpyパッケージをインストールしましょう。numpyは、Anaconda自体には標準で組み込まれています。このため、仮想環境を使わずAnacondaのルート環境でPythonを利用する場合、特にインストールなどは必要ありません。

仮想環境で利用する場合は、仮想環境へのインストールが必要です。これは、Anacondaに用意されているNavigatorを利用します。Navigatorを起動し、以下の手順でインストールを行いましょう。

1. **左端にある「Environments」を選択。**
2. **その右側にある仮想環境の一覧リストから、使用したい環境を選択。**
3. **右側のエリアにパッケージの一覧リストが表示される。**

＊1 Pythonの提供元とは別の個人や企業が開発・公開するライブラリ
＊2 https://numpy.org/

4. 一覧リストの上部にあるプルダウンリスト(「installed」と表示されているもの)をクリックし、「Not installed」を選択する。これでインストールされていないパッケージのリストが表示される。
5. プルダウンリストの右側にある検索フィールドに「numpy」と入力する。これでnumpyを名前に含むパッケージが検索される。
6. 一覧リストから「numpy」を探してチェックをONにし、右下の「Apply」ボタンをクリックする。

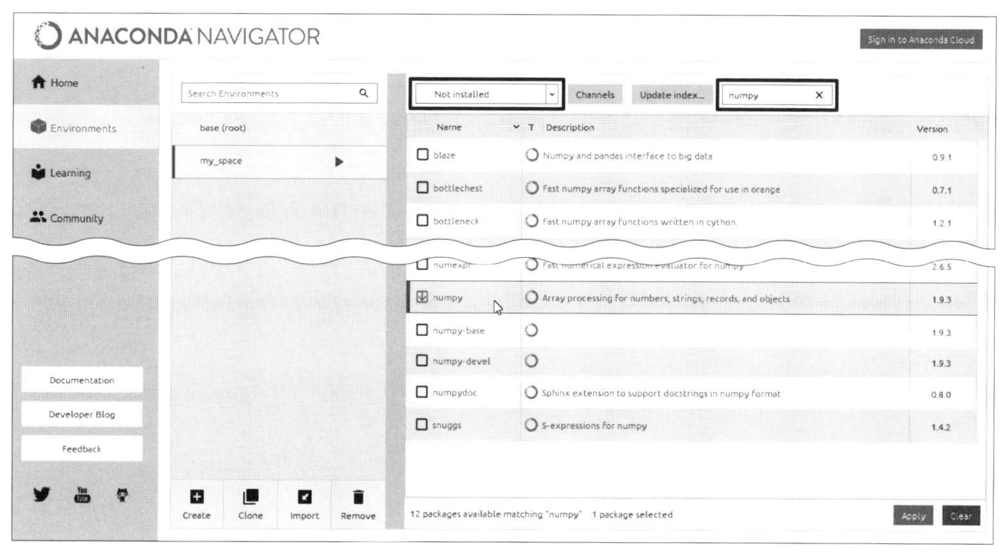

図3-1：Navigatorでnumpyを検索しインストールする。

7. 画面に「Install Package」ダイアログが現れるので、内容を確認し「Apply」ボタンをクリックする。

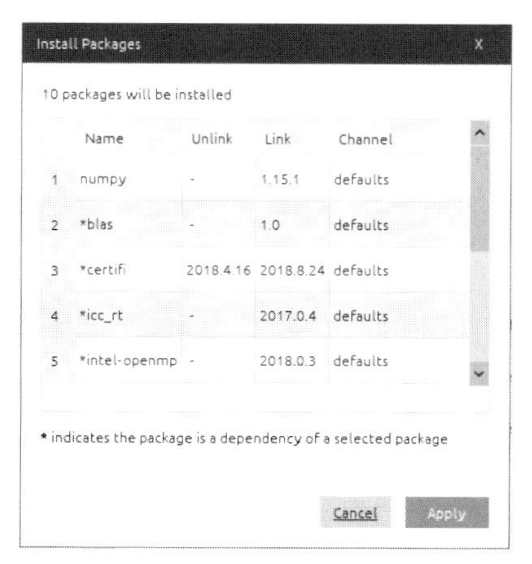

図3-2：ダイアログで内容を確認し「Apply」をクリックする。

Column

Anacondaを使わないでPythonをインストールした場合

Anacondaを導入せずにPythonを利用している場合は、「pip」というプログラムを利用します。pipは、Python標準のパッケージ管理ツールです。Anacondaでは用いません。これはコマンドを使ってパッケージをインストールします。コマンドプロンプトまたはターミナルを起動して、以下のコマンドを実行してください。

```
pip install numpy
```

これでnumpyがインストールされます。pipでのインストールは、「pip install パッケージ名」という形で実行します。これで指定パッケージの最新バージョンがインストールされます。本書ではAnacondaでの環境構築、実行を対象とするためpipで構築した環境はサポートしませんが補足として掲載しています。

ベクトルの計算

numpyは、ベクトルデータを処理する機能を一通り持っています。ベクトルというと特殊なもののように感じますが、ひとまず「リスト」のようなものと考えてください。たくさんの値を一列に並べたものです。

●――ベクトルと数値の計算

Pythonのリストは、リストそのものを計算したりするのが苦手です。例えば、リストの全要素に1を足したり、全要素を2倍にしたり、といったことをしたければ、繰り返しなどを使って処理しないといけません。

しかし、numpyのベクトルを利用すれば、簡単にこうした処理が行なえます。

リスト3-9 ベクトルの全要素に足し算・掛け算をする

```
# numpyをインストールしておく
import numpy as np # 「import モジュール as ～」で「～という名前でモジュールをインポート」

arr = np.array([10, 20, 30, 40, 50]) # ベクトルを作成しarrに代入
print(arr) # [10 20 30 40 50]
print(arr + 10) # [20 30 40 50 60]
print(arr * 2) # [ 20  40  60  80 100]
```

これを実行すると、作成したベクトル、それに10足したもの、2倍にしたものの3つのベクトルデータが以下のように表示されます。

●———ベクトルの作成

ベクトルの作成は、numpyのarrayという関数を使います。本書ではnumpyをnpという名前でインポートした前提で解説します。

```
np.array( リスト )
```

引数にリストを用意すると、そのリストを使ってベクトルデータを作成します。作成されるのは、numpyの「ndarray」というクラスのインスタンスです。これがベクトルデータの正体というわけです。

このndarrayは、数値と四則演算が行なえます。数値を演算すると、ndarrayのすべての要素に対して演算が行われます。例えば、この例ではarr + 10という計算を行っていますが、これでarrにあるすべての要素に10を足したベクトルデータが得られます。

●———ベクトルどうしを計算する

ベクトルの計算は、ベクトルどうしでも行えます。これも実際に試してみましょう。これを実行すると、2つのベクトルとそれらを足し算・掛け算した結果を以下のように表示します。

リスト3-10 ベクトルどうしを足し算・掛け算する

```
import numpy as np

arr1 = np.array([10, 20, 30, 40, 50])
arr2 = np.array([5, 10, 15, 20, 25])
print(arr1) # [10 20 30 40 50]
print(arr2) # [ 5 10 15 20 25]
print(arr1 + arr2) # [15 30 45 60 75]
print(arr1 * arr2) # [  50  200  450  800 1250]
```

足し算・掛け算を行うと、2つのベクトルの1つ1つの要素ごとに計算が行われているのがわかるでしょう。つまり、計算する2つのベクトルの要素数は同じでないといけません。保管されている要素の数が違うとうまく計算できないので注意しましょう。

●———ベクトルの作成

ベクトルを作り、基本的な四則演算ができるだけでも、さまざまなデータの計算に応用できます。もう１つ覚えておきたいのは、「ベクトルの作り方」です。先ほどのサンプルでは、nd.arrayを使ってndarrayインスタンスを作成していましたが、この他にもさまざまな関数が用意されています。

・すべてゼロのベクトルを作る

```
np.zeros( 個数 )
```

・すべて１のベクトルを作る

```
np.ones( 個数 )
```

・ステップ(間隔)を指定して作成

```
np.arange( 開始数 , 終了数 , ステップ )
```

・分割数で作成

```
np.linspace( 開始数 , 終了数 , 分割数 )
```

zerosとonesは、[0, 0, 0, ……] あるいは [1, 1, 1, ……] といったベクトルデータを作成するために用意されています。これは、大量のデータを扱うようなときに便利です。

arangeとlinespaceは、範囲を指定して、その範囲内にある値を一定間隔ごとに取り出してベクトルデータを作ります。例えば、np.arange(1, 10, 2) と実行すれば、[1 3 5 7 9] といった結果が表示されます。これらも、一定間隔ごとに数字を取り出して処理するような場合に役立ちます。

ベクトルを統計処理する

単純な計算の他にも、numpyにはベクトルを利用するためのさまざまな機能が用意されています。それらの中から、すぐに使えそうなものをピックアップして整理しておきましょう。

・ベクトルの結合

```
np.ravel( [ ベクトル1, ベクトル2, ……] )
```

複数のベクトル(ndarrayオブジェクト)を１つにつなげたものを返します。引数には、１つにまとめたいndarrayをリストにまとめたものを指定します。

・**総和**

```
np.sum( ベクトル )
《ベクトル》.sum()
```

ベクトルの合計を計算します。これは2つのやり方ができます。1つは、np.sumの引数に、計算したいndarrayを指定する方法。もう1つは、ndarrayオブジェクトのsumを呼び出す方法です。どちらもやり方でも結果は同じです。

・**最小値**

```
np.min( ベクトル )
《ベクトル》.min()
```

ベクトルに保管された値の中から最小のものを返します。これも2通りあり、numpyのminを呼び出すのと、ベクトルのminを呼び出すやり方があります。以下、同様に2通りの使い方が用意されています。

・**最大値**

```
np.max( ベクトル )
《ベクトル》.max()
```

ベクトルに保管された値の中から最大のものを返します。

・**平均**

```
np.mean( ベクトル )
《ベクトル》mean()
```

ベクトルに保管されている値の平均を計算して返します。

・**中央値**

```
np.median( ベクトル )
```

ベクトルに保管されている値の中央値を調べて返します。このmedianだけは、ndarrayオブジェクト内のメソッドとして用意されていません。

・分散

```
np.var( ベクトル )
《ベクトル》.var()
```

ベクトルに保管されている値の分散を計算して返します。

・標準偏差

```
np.std( ベクトル )
《ベクトル》.std()
```

ベクトルに保管されている値の標準偏差を計算して返します。

ベクトルの数値を処理する

これらのメソッドを利用してベクトルデータを処理してみましょう。ここでは、ランダムな100個の値を用意し、計算をさせてみます。

リスト3-11 ランダムな100個の整数を統計処理する

```
import numpy as np

arr = np.random.randint(0, 100, 100)

print(arr)
print('min: ' + str(np.min(arr)))
print('max: ' + str(np.max(arr)))
print('ave: ' + str(np.mean(arr)))
print('med: ' + str(np.median(arr)))
print('var: ' + str(np.var(arr)))
print('std: ' + str(np.std(arr)))
```

これを実行すると、生成された100個のランダムな値を出力した後、そのデータから各種の値を以下のような形で出力します。

```
min: 2
max: 95
ave: 51.01
med: 51.5
var: 774.6099
```

```
std: 27.831814529419386
```

乱数を使っていますが、きちんとしたデータを変数arrにまとめるようにすれば、その平均や中央値などを簡単に調べることができます。データの処理を行うのに、numpyは便利な機能がいろいろと揃っているのです。

ランダムな数のベクトル

ここでは、ランダムな数値のベクトルを作成するのに、np.randomというモジュールにある「randint」という関数を使っています。np.randomは、乱数の生成に関する機能をまとめたモジュールで、「randint」は整数の乱数をまとめたベクトルを作成します。これは以下のように呼び出します。

```
np.random.randint( 最小値 , 最大値 , 個数 )
```

第1引数と第2引数で、生成する乱数の範囲(下限と上限)をそれぞれ指定します。第3引数で生成する乱数の数を指定します。これでランダムに生成された数字のベクトルデータが作れます。これは、ダミーとしてデータを生成するときなどにとても役立つものなので、ここでぜひ覚えておきましょう。

3-5 matplotlibでグラフを作る

matplotlibのインストール

numpyと並んで、特にデータ処理などを行うユーザーに広く使われているのが「matplotlib*3」というパッケージです。これはデータから簡単にグラフを作成できるプログラムです。

このmatplotlibも、Anacondaのルート環境では標準で組み込まれているため、そのまま利用できます。仮想環境で使う場合は、先ほどのnumpyと同様、Navigatorでインストールを行ってください。

*3 https://matplotlib.org/

1. Navigator画面の左端にある「Environments」を選択。
2. 仮想環境の一覧リストから使用したい環境を選択。
3. パッケージの一覧リストの上部にあるプルダウンリストから「Not installed」を選択する。
4. プルダウンリストの右側にある検索フィールドに「matplotlib」と入力し検索する。
5. 検索された「matplotlib」のチェックをONにし、右下の「Apply」をクリック。
6. インストールするパッケージを表示したダイアログが現れたら「Apply」する。

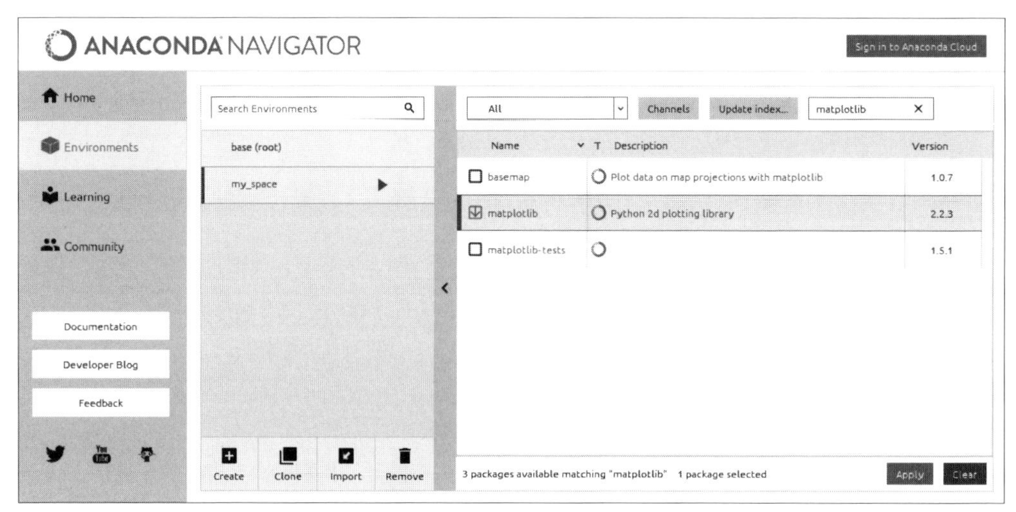

図3-3：Navigatorで仮想環境を選び、matplotlibを検索してインストールする。

pipならpip install matplotlibとします。

matplotlibを利用する

実際にmatplotlibを使ってみましょう。matplotlibのパッケージにはさまざまな機能が用意されていますが、その中で「グラフの作成」を行うために用意されているのは「pyplot」というモジュールです。このモジュールにある機能(関数)の基本的な使い方がわかれば、グラフの描画は簡単にできるようになります。簡単なコード例と使い方を整理します。

```
import matplotlib.pyplot as plt # pltとしてインポートする

plt.plot([2,3,4],[0,0,0]) # 必要なデータを指定してグラフ作成
plt.show() # グラフが描画される
```

・pyplotをインポート

```
import matplotlib.pyplot as plt
```

matplotlib.pyplot(matplotlibのpyplot)をインポートします。pltという名前で使えるようにインポートしておきます。これはこのライブラリの慣習と覚えてください。as ～を指定しなくても動作しますが、多くのサンプルコードなどもpltの名前を使っています。

・プロットする

```
plt.plot( Xデータ , Yデータ )
```

グラフの描画は、plotという関数で行います。これは、XデータとYデータをそれぞれリストやベクトルとしてまとめたものを指定します。

plotによる描画は、とても単純です。縦軸と横軸の値をそれぞれリストにまとめたものを引数に指定すると、それらから順に値を取り出して、それぞれのグラフ上の地点を指定して線を引いてつなぎます。これで一般的なグラフ(いわゆる折れ線グラフ)が描かれるのです。plotでグラフは描かれる(作成される)のですが、この段階では画面にグラフは表示されません。

・グラフを表示する

```
plt.show()
```

グラフを実際に見えるように表示するのがshow関数です。これでグラフが視覚的に画面に表示されます。

サイン・コサイン曲線を描く

実際に簡単なグラフを描いてみましょう。ここではsin/cosによるグラフを描いてみます。このスクリプトを実行すると、画面に新しくウインドウが開かれ、そこにsin/cos曲線のグラフが表示されます。

リスト3-12 sin/cos曲線を描く

```
import numpy as np # sin/cos、円周率を利用するのにnumpy
import matplotlib.pyplot as plt # グラフ描画にmatplotlib

```

```
x = np.arange(-np.pi, np.pi, np.pi / 50) # 円周率のベクトルを作成
sin_y = np.sin(x)
cos_y = np.cos(x)

plt.plot(x, sin_y)
plt.plot(x, cos_y)
plt.show()
```

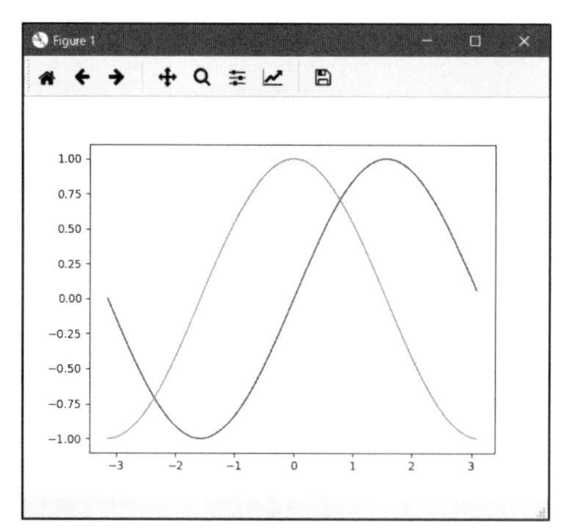

図3-4：実行するとウインドウが現れ、sin/cos曲線のグラフが表示される。

●———処理の流れを整理する

処理自体は複雑ではありませんが、今まで使ってこなかったnumpyの機能も使っているので簡単に解説します。

・-π～πのベクトルを作る

```
x = np.arange(-np.pi, np.pi, np.pi / 50)
```

np.arangeというのは、numpyの関数でしたね。これは指定した範囲から一定の間隔で値を取り出してベクトルを作るものでした。ここでは、-np.pi～np.piを範囲に指定しています。np.piというのはπの定数(3.14...の近似値)です。つまり、-π～πの範囲で、πの50分の1間隔でベクトルデータを作っています。これが、グラフのX軸のデータになります。

・sin/cosのデータを作る

```
sin_y = np.sin(x)
```

```
cos_y = np.cos(x)
```

続いて、Y軸の値となるデータを作ります。これは、X軸の値をもとに、sinまたはcosの値を計算して取り出します。numpyのベクトル(ndarray)は、ベクトルデータをまるごと計算できました。これは四則演算だけでなく、もっと高度な演算でも同じです。

ここでは、np.sinとnp.cosという関数を使っています。これらはそれぞれ引数に指定した数値のsin/cosの計算結果を得るものです。引数にベクトルデータを指定すれば、その１つ１つの値について計算した結果をベクトルデータとして返します。これで、sin/cosのY軸データが作成できたわけです。

・グラフを描く

```
plt.plot(x, sin_y)
plt.plot(x, cos_y)
```

データが用意できたら、plotでグラフを描きます。plotでX軸とY軸のデータを指定し実行するだけです。このようにplotを２回実行すれば、２つのグラフが描かれることになります。

・グラフを表示

```
plt.show()
```

最後に、showでグラフを表示します。これにより、画面に新しいウインドウが開かれグラフが表示されます。

グラフの細かな設定をする

plotで描画されるグラフは、必要最小限のものが表示されたシンプルなものです。もう少しわかりやすいグラフにするためには、タイトルや凡例などが必要でしょう。またグラフ内に一定間隔に縦横のグリッド線を表示できると更に見やすくなりますね。こうした設定を追加してみましょう。

リスト3-13 グラフの細かな表示を設定する

```
import numpy as np
```

```
import matplotlib.pyplot as plt

x = np.arange(-np.pi,np.pi,np.pi / 50)
sin_y = np.sin(x)
cos_y = np.cos(x)

plt.plot(x, sin_y, label='sin') # sinの凡例ラベルをlabelで指定
plt.plot(x, cos_y, label='cos') # cosの凡例ラベルをlabelで指定
plt.title('Sin/Cos Graph') # グラフ全体のタイトル
plt.xlabel('degree') # x軸のラベル
plt.ylabel('value') # y軸のラベル
plt.grid(which='major', axis='x', color='gray', alpha=0.5, linestyle='-',
linewidth=1)
plt.grid(which='major', axis='y', color='gray', alpha=0.5, linestyle=':',
linewidth=1)
plt.legend()
plt.show()
```

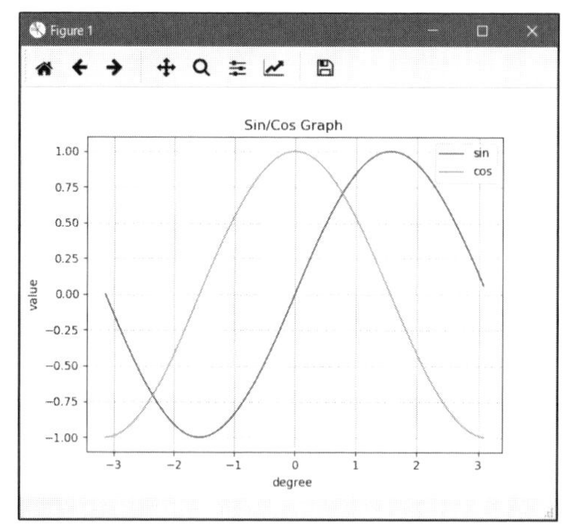

図3-5：タイトル、縦横軸のラベル、凡例、グリッド線などを追加したグラフ。

先ほどのSin/Cosグラフに、タイトル、X/Y軸のラベル、縦横のグリッド線、凡例といったものを追加したものです。だいぶ見やすいグラフになりました。ここでは、pltに用意されている各種の関数を呼び出してグラフの表示を設定しています。１つ１つ説明しておきます。

・タイトルの設定

```
plt.title( タイトル名 )
```

・凡例ラベルの設定(右上に表示される)

```
plt.plot( Xデータ, Yデータ, label=凡例ラベル )
```

・凡例の作成

```
plt.legend()
```

凡例表示には、2つの作業が必要です。plotでグラフを描画するとき「label」という値を用意しておきます。実際に凡例を表示するには「legend」という関数を実行します。

・x軸/y軸のラベル

```
plt.xlabel( ラベル )
plt.ylabel( ラベル )
```

・グリッドの表示

```
plt.grid(which=線の種別, axis=描画する軸, color='gray', alpha=0.5, linestyle='-',
linewidth=1)
```

表3-1 gridの引数

which	大まかな線(メジャー)と細かな線(マイナー)の指定。'major'、'minor' または 'both' のいずれか
axis	描画する軸の指定。'x'、'y' または 'both' のいずれか
color	色の指定。'#ff0000' といった16進数か 'red' といった色名
alpha	透過度の指定。0～1の実数で指定
linestyle	線分のスタイル。':'、'-'、'--'、'-.' といった値で指定
linewidth	先の太さの指定

gridの引数にはすべて指定する必要はありません。必要な項目だけ用意しておきます。省略されたものはデフォルト値が使われます。まず、gridで引数を一切つけずに表示を行ってみて表示を確認し、変更したい属性だけ値を用意していけばいいでしょう。詳細はドキュメント[*4]を参照してください。

＊4 https://matplotlib.org/3.1.1/api/_as_gen/matplotlib.pyplot.grid.html

その他のグラフを作る

pltには、折れ線グラフ以外にもさまざまなグラフが用意されています。主なグラフの描き方だけでも覚えておくとずいぶんと表現の幅が広がります。

棒グラフ

いくつかの値を並べてグラフにするというとき、もっとも一般的なのは「棒グラフ」です。「bar」関数で作成します([]で囲んだ部分はオプショナル、指定しなくてもいい引数)。

```
plt.bar( Xデータ , Yデータ [, label=ラベル ] )
```

Xの値とYの値をそれぞれ用意します。折れ線グラフと違い、Xデータは数字のリスト([1,2,3]など)である必要はありません。Xデータが文字列のリストでも動作します。これは、各データが区別できればいいためです。ランダムに数字を生成して棒グラフを描いてみましょう。

リスト3-14 棒グラフの描画

```
import numpy as np
import matplotlib.pyplot as plt

x = list('ABCDEFGHIJ') # 文字列は各文字ごとのリストのように扱える
y = np.random.randint(10, 100, 10) # ランダムに値を作成

plt.bar(x, y, label='random')
plt.title('Random Graph') # タイトルなどは折れ線グラフと一緒
plt.xlabel('number')
plt.ylabel('value')
plt.grid(axis='y')
plt.legend()
plt.show()
```

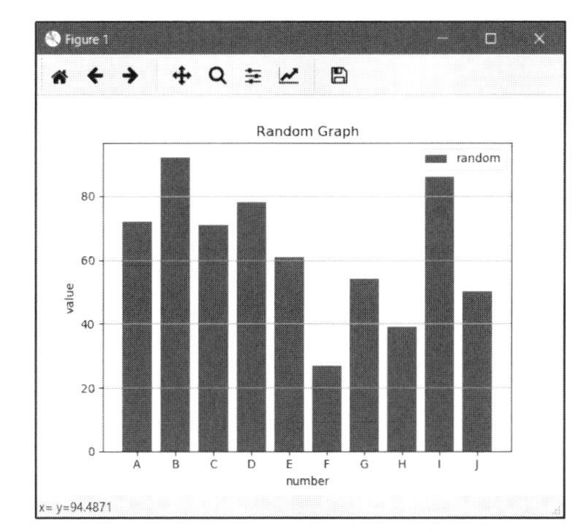

図3-6：ランダムに作成した値を使い棒グラフを作成する。

np.random.randintでランダムな値のベクトルを作成し、それをY軸のデータに使います。X軸は、「list」でABCDEFGHIJの各文字をリストにしたものを指定しています。これで、A〜Jまでの項目にランダムな数字が割り当てられたグラフが作成できます。

●円グラフを作る

円グラフは、pltの「pie」という関数を使って描画します。これは折れ線グラフや棒グラフとは少し使い方が違います。円グラフの場合、数値は1つしかありません。X軸とY軸の値が用意される折れ線グラフなどとは異なります。その代りに、各項目に表示するラベルをリストにまとめたものをlabels引数に用意できます。

```
plt.pie( データ [, labels= ラベルデータ] )
```

円グラフの利用例も見ておきましょう。これもランダムに値を用意して表示してみます。

リスト3-15 円グラフを表示する

```
import numpy as np
import matplotlib.pyplot as plt

x = np.random.randint(1, 100, 7) # 値を7つ作成
x.sort() # グラフが見やすいように小さい順にデータを並べ替え
y = list('ABCDEFG')
```

```
plt.pie(x[::-1], labels=y) # x[::-1]で逆順に値を指定できる
plt.title('Random Graph')
plt.legend()
plt.show()
```

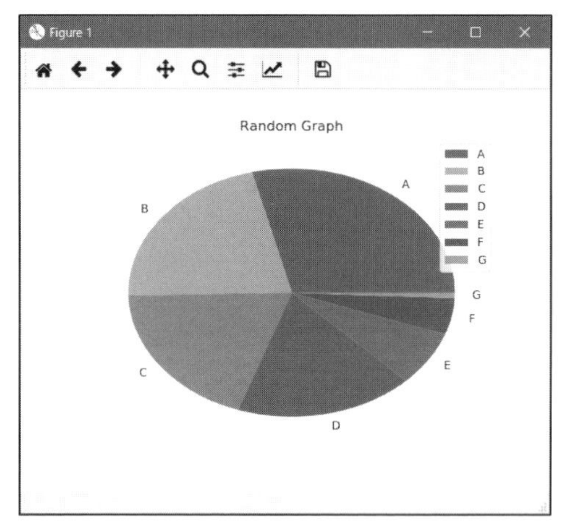

図3-7：ランダムな値を元に円グラフを作成する。

これらのグラフ作成を身につけておけば、Chapter 4で紹介するExcelとの連携などで活躍します。「4-4 OpenPyxlによるExcelファイル操作」ではExcelによるグラフ作成を解説しているので、こちらも参考になるでしょう。

Column

Pythonライブラリの探し方

Pythonライブラリは数多く存在します。言語の人気に比例してすさまじい数のライブラリが日々開発されているのです。これはプログラムを書くときに非常に役立ちますが、数が多いとどのライブラリを使えばいいのか悩んでしまいます。そこで参考になるのがPythonのおすすめライブラリや人気ライブラリをまとめたWebサイトです。

使いやすいのがAwesome-Pythonというリストを作成しているサイトです。ライブラリを厳選し、ジャンルごとにまとめた、いわゆるキュレーションリストを公開しています。サイトはすべて英語ですが、ジャンルごとにまとまっていて読みやすくなっています。英語が苦手でも翻訳サイトなどを使えば中身はおおよそわかるでしょう。

- https://github.com/vinta/awesome-python

もう1つがGitHub Trendingです。ソフトウェア開発プラットフォームのGitHubで現在人気のライブラリが表示されます。この一覧に表示されるのは英語や中国語のライブラリです。ジャンルやカテゴリごとにまとまっているわけではないので、パッと見るだけだと用途やなぜ人気なのかがわからないかもしれません。ただ、現時点での世界的に人気なライブラリを確認できるため、最新情報をチェックしたいときには有用です。

- https://github.com/trending/python?since=monthly

GitHubではソフトウェアプロジェクトにユーザーがお気に入りの星(Star)をつけることが可能です、これも人気ライブラリか判断するのに役立ちます。例えばDjangoのGitHubのページではStarが4万超ついています。Starは品質や実際のユーザー数を保証するものではありませんが、わかりやすい指標の1つでしょう。

他にも、個人が公開したおすすめライブラリリストや、Pythonのパッケージリポジトリである PyPIのダウンロードランキングなどを収集したサイトもあります。

Column

Pythonの人気ライブラリ

本書では多くの人気ライブラリを紹介し、実際に動かしていますがすべてフォローできているわけではありません。以下に、書籍中の他の箇所で紹介していない人気ライブラリを紹介します。もちろんこれでも網羅できているわけではありませんが、学習の次のステップを目指すときに参考になるはずです。

- クラウド連携（Amazon Web Services）
  - boto3 https://github.com/boto/boto3
- スクレイピング
  - Scrapy https://github.com/scrapy/scrapy
- データベース
  - PyMySQL https://github.com/PyMySQL/PyMySQL
  - sqlite3（標準ライブラリ）https://docs.python.org/ja/3/library/sqlite3.html
- ツール（構成管理といわれるサーバー関連の技術）
  - Ansible https://github.com/ansible/ansible
- ドキュメント作成
  - sphinx https://github.com/sphinx-doc/sphinx/
- ゲーム開発
  - Pygame https://github.com/pygame/pygame

Chapter

4

文書を処理する

Pythonではさまざまな文書（ファイル）を扱えます。ここでは代表的なものとして、文字列ファイル、Excelファイルの利用について説明します。これらについて学ぶことで、ファイルを処理して業務を自動化するようなプログラムの作成が可能になります。文字列処理で必要になる「正規表現」や、データ集計を行う「Pandas」についても解説します。

4-1 正規表現

文字列処理を効率化する正規表現

本章では、文書を処理することについて学んでいきます。まず文字列データを処理するときに必須となる正規表現を身につけましょう。

文字列処理を考えるとき、外すことのできないものが**正規表現**です。正規表現は、文字列をある決まったルールによるパターンとして定義し、それをもとに検索や置換を行うものです。パターンを使うため、例えば「数字だけを取り出す」とか「メールアドレスだけを取り出す」というようなことも可能になります。反面、「パターンをどう定義するか」によって取り出す文字列が大きく変わるため、慣れないうちは使いこなすのが難しい技術でもあります。

正規表現は、さまざまなプログラミング言語でサポートされています。Pythonの場合は、reという標準ライブラリとして用意されています。

```
import re
```

文字列を置換する

文字列の置換を行うために用意されているのが「sub」関数です。まずはこれを使って正規表現がどういったものか体験しましょう。この関数は、3つの必須の引数を持ちます。第1引数が、正規表現のパターン(検索文字列)です。第2引数に置換する文字列、第3引数に処理の対象となる文字列を指定します。[]で囲んでいるflagsはオプショナルな引数で、検索方法の指定などに用います。

```
re.sub( パターン , 置換文字列 , 処理する文字列 [, flags=フラグ ] )
```

●――正規表現による置換の違い

正規表現がどんなものか知るために、例として3章で作成した文字列置換の処理(「3-3 文字列処理」のリスト3-8)を正規表現を用いた形で書き直してみます。littleをBIGに置換し、結果を表示します。littleは、大文字小文字が違ってもすべて置換されます。

リスト4-1 正規表現で置換

```
import re # 正規表現を使うためにインポート

# '''と'''で複数行に渡る文字列を囲める
s = '''
One Little, two little, three little Indians
Four little, five LITTLE, six liTTle Indians
Seven LittlE, eight little, nine LittLe Indians
Ten Little Indian boys.
'''

# 正規表現で置換
result = re.sub('little', 'BIG', s, flags=re.IGNORECASE)
print(result)
```

ここでは、このように正規表現で置換を行っています。re.sub()の実行後、置換後の文字列が代入されます。正規表現の置換を実行してみました。この基本形から複雑な利用方法を学んでいきましょう。

```
result = re.sub('little', 'BIG', s, flags=re.IGNORECASE)
```

表4-1 subの引数と使い方の例引数

引数名	実際の引数	説明
パターン(検索文字列)	'little'	検索するパターン
置換する文字列	'BIG'	置換する文字列です。パターンに当てはまったものがこれに置換される
置換される文字列	s	処理の対象となる(検索される対象となる)文字列。ここでは上述の内容が代入されている
フラグ(オプション)	re.IGNORECASE	オプションの設定。IGNORECASEは、大文字小文字を無視するオプション

ここでは、パターンに'little'を指定しています。本来はraw文字列というものを使うことが多いです。続く「パターンの書き方を覚える」を参照してください。

パターンの書き方を覚える

正規表現を利用するとき、最大のポイントとなるのが「パターン」です。どのようにパターンを作成するか、それによって正規表現の働きは大きく変化します。適切なパターンを用意できれば、想像以上に複雑な文字列処理が行えるようになるでしょう。パターンの作り方がわかっていなければ、「検索文字列をそのまま探すだけ」に終わってしまいます。
　パターンは、普通の文字列と、あらかじめ役割が与えられている特殊文字を組み合わせて作成をします。正規表現を使うには、この特殊文字の働きと使い方を覚える必要があります。重要なものをピックアップして紹介します。使い方は自分で試して学んでいきましょう。

・任意の文字

　ドット(.)記号は改行以外の任意の文字を表します。「...」ならば任意の3文字の文字列を示します。「あいう」も「ABC」も「012」も3文字なので「...」とマッチします。

・先頭と末尾

　「^」記号は行の先頭、「$」は末尾を示します。例えば、「^abc」とすればabcで始まる行を表し、「abc$」ならばabcで終わる行を表します。

・文字の繰り返し

　「*」「*」「?」は記号の直前の文字を繰り返すことを示します。「*」はゼロ回以上、「+」は1回以上繰り返します。例えば「a*」ならば、a, aa, aaaといった文字列をすべて指定できます。「?」はゼロまたは1つだけあることを示します。

・指定した回数の繰り返し

　{}記号は、記号の直前の文字を指定した数だけ繰り返します。「a{3}」はaを3回、すなわち'aaa'を表します。また「a{2,4}」ならば、'aa', 'aaa', 'aaaa' というように'a'が2～4個繰り返したものを指定します。

・文字の集合

　[]は、いくつかの文字の集合を示すのに使われます。[abc]は、a, b, cの3つの文字の集合で、これらのいずれかを示します。例えば、'[abc]+' とすると、'a', 'aa', 'abc', 'cba', 'abcba' ……といった具合に、abcのいずれかの文字が1つ以上つながった文字列すべてを指定します。

・グループ

　()は、正規表現のグループを示すのに使われます。正規表現を使っていくつかの部分を取り出したりするのに用いられます。

・複数の候補

|記号は、グループの中にいくつかの候補を用意するのに使います。例えば、「(abc|xyz)」とすれば、'abc'と'xyz'のいずれの文字列も指定できます。

・文字の範囲

「-」は、集合[]内で使われるもので、文字の範囲を指定するのに使います。例えば「aからcまでの文字」というなら「a-c」とします。半角の数字すべてを指定したいなら「0-9」としますし、「a-z」とすればaからzまでのアルファベットすべてを指定できます。

・それ以外の文字

「^」記号は集合[]内で使われるもので、その後の文字以外のものを示します。例えば、「[^a]」とすれば、a以外の文字を表せます。

・特殊シーケンス

reモジュールで使われる文字との複雑なマッチを可能にする特殊な記述方式です。

表4-2 特殊シーケンス

\A	文字列の先頭を示す
\d	数字を示すのに使う。[0-9]と同じ
\D	数字以外の文字を示すのに使う。[^0-9]と同じ
\s	空白文字(スペースやタブ、改行文字など)を示す
\S	空白文字以外を示す
\w	単語文字(英単語で利用される文字)を示す。[a-zA-Z0-9_]と同じ
\W	単語文字以外を示す
\z	文字列の末尾を示す
\n	改行を示す。普通の文字列内でも改行として使える
\t	タブ文字を示す。普通の文字列内でもタブ文字として使える

●――raw文字列(ロウ文字列)

文字列で困るのが、\(バックスラッシュ、一部環境では円記号で表示、Windowsは¥キーで入力)の扱いです。文字列にそのまま\を使うと、意図したようには書けません。

```
print('ここでは \n は改行を意味します') # \nが展開されて改行になってしまう。
```

文字列中に\を書くときは前に\を置く(エスケープする)ことをしないと書けないのです。

```
print('ここでは \\n は改行を意味します') # \nが表示される。
```

この手間を減らすには文字列を次のように記述します。r''は「raw文字列」というもので、エスケープ文字(\を使って特殊な記号を表すのに使う文字)が無効になります。

```
r'文字列'
```

使ってみましょう。無事に\nが表示されます。このように\を扱いやすくするために正規表現ではraw文字列がよく使われます。

```
print(r'ここでは \n は改行を意味します') # \nが表示される。
```

文字列から金額を取り出し計算する

正規表現の利用は、文字列の置換だけではありません。必要な情報だけを取り出して集めるのにも役立ちます。これにはパターンを検索する「findall」というメソッドを用います。

```
re.findall( パターン , 処理する文字列 [, flags=フラグ ] )
```

第1引数にパターン、第2引数に処理する文字列を指定します。第3引数に検索のためのオプション設定などを用意できます。findallを利用すると、特定のパターンの文字列だけを探し出し、リストとして返します。このリストを使って必要な処理を行えばいいのです。

簡単な例として、「データから金額の部分だけを抜き出して合計を計算する」という処理を行ってみましょう。

リスト4-2 金額を抽出し合計する

```
import re

data = '''
40インチTV  98000円
ノートPC    113000円
スマホ  58700円

タブレット  49500円
'''

res = re.findall(r'(\d+)円', data)
```

```
total = 0

for item in res:
    print(item)
    total += int(item)

print('total ' + str(total) + '円') # 「total 319200円」
```

これを実行すると、１つ１つの金額を表示した後、「合計319200円」と合計金額を表示します。変数dataの中から金額の部分だけを取り出して計算しているのがわかるでしょう。

```
res = re.findall(r'(\d+)円', data)
```

ここでは、findallで金額部分だけを検索します。「r'(Äd+) 円' 」のパターンが設定されていますね。\dは、半角の数字を表す記号です。\d+とすることで、半角数字の文字が１つ以上続いた状態を示しています。その後に「円」をつけているのは、例えば「40インチ」の40が検索されないように、円で終わる数字だけを取り出すようにしているためです。さらに抜き出したい数字部分を()で囲むことで数字部分だけfindallで合致したとみなしています。

取り出されたresの中身は、以下のようなリストになっています。

```
['98000', '113000', '58700', '49500']
```

金額の値だけが取り出されていることがわかるでしょう。これを繰り返しで順に合計していけばいいのです。注意したいのは、取り出したのは数字ではなく文字列の値になっているという点です。intを使って整数に変換して合計する必要があります。結果が計算できたらそれを表示します。最後は整数をstrで文字列に変換して表示します。

dataの内容をいろいろと書き換えて計算させてみましょう。項目が増えても、「〇〇円」という形で金額を書いてあれば、すべて金額部分だけを取り出して合計してくれます。

金額の最初に「¥」をつける

文字列の置換は、単純に「〇を×に置き換える」というものばかりではありません。ときには、検索した文字列 パターンにマッチした文字列を使って置換する場合もあります。例えば、先ほどのdataを使って、金額の形式を変更して出力させてみましょう。

リスト4-3 金額を「￥〇〇-」に変更する

```
import re

data = '''
40インチTV  98000円
ノートPC     113000円
スマホ  58700円
タブレット  49500円
'''

result = re.sub(r'(\d+)円', r'￥\1-', data)
print(result)
```

これを実行すると、以下のように文字列が表示されます。円記号は「えん」と入力して全角の円記号を変換で出しましょう。金額の部分が、「〇〇円」から「￥〇〇-」と変わっています。

```
40インチTV  ￥98000-
ノートPC     ￥113000-
スマホ  ￥58700-
タブレット  ￥49500-
```

こんな具合に、検索した文字列を全く別のものに置き換えるのではなく、少しアレンジするような使い方ができるのです。ここでは、subメソッドを以下のように呼び出しています。

```
result = re.sub(r'(\d+)円', r'￥\1-', data)
```

パターンにはr'(\d+)円'という値を、置換文字列には「r'￥\1-'」という文字列を指定しています。このパターンと置換に使われている記号に秘密があります。

パターンの中には、()記号が使われています。この()は、**グループ**を指定するものです。グループは、パターンの中の一部分を指定するのに使われます。r'(\d+)円'では、(\d+)の部分がグループとして扱われます。

このグループは、置換文字列の中で「\番号」という形で指定することができます。ここでは、r'￥\1-'と置換文字列が指定されていますね。この\1が、第1グループの文字列を示す記号です。r'￥\1-'は、パターン検索された文字列〇〇をそのまま置換文字列に利用していたのです。

このように、正規表現ではグループで指定された文字列を置換の際に「\数字」という形で取り出すことができます。これを後方参照といいます。正規表現ではマッチした文字列を再利用できることを覚えておきましょう。

電話番号とメールアドレスを調べる

文字列から必要なデータだけを抽出したり、取り出した文字列部分を他の文字列に置き換えたりする処理がわかれば、あとは実際にパターンを作れるようにするだけです。

これは一朝一夕にできるものではなく、さまざまなパターンを見たり考えたりして少しずつマスターしていくものです。参考例を紹介していきます。

●――名前・電話番号・メールアドレスを分解

規則的に入力された文章から「電話番号とメールアドレス」を取り出す方法についてです。電話番号は、数字と()-記号などの組み合わせで記述されることが多いでしょう。またメールアドレスは、半角英数字に@-_.といった記号を組み合わせたものになります。これらを正規表現のパターンで指定して取り出してみます。

リスト4-4 名前・電話番号・メールアドレスの表示

```
import re

data = '''
太郎 090-(999)-999 taro@yamada.san
花子 080-(888)-888 hanako@flower.shop
幸子 070-777-777 sachico@happy.lady
'''

result = re.findall(r'(\S+)\s+([\(\)\d-]+)\s+([\w.-_]+@[\w.-_]+)', data)

print('※名前')
for item in result:
    print(item[0])

print('\n※電話番号')
for item in result:
    print(item[1])

print('\n※メールアドレス')
for item in result:
    print(item[2])
```

ここでは、変数dataに保管されているデータから、名前、電話番号、メールアドレスをそれぞれ取り出して表示します。実行すると以下のように表示されるのがわかるでしょう。

```
※名前
太郎
花子
幸子

※電話番号
090-(999)-999
080-(888)-888
070-777-777

※メールアドレス
taro@yamada.san
hanako@flower.shop
sachico@happy.lady
```

パターンを考えよう

ここでは、かなり長いパターンを使っています。r'(\S+)\s+([\(\)\d-]+)\s+([\w.-_]+@[\w.-_]+)'というものですが、これはよく見ると、3つのグループとその間を結ぶ部分に分かれていることがわかります。

表4-3 パターンとその意味

パターン	意味
(\S+)	\Sは、空白文字以外のすべての文字を表す。+で1文字以上続いていることを表す。これで、冒頭からスペースがあくまでの部分(名前の部分)を取り出している
\s+	空白文字を示す。これで第1グループと第2グループの間の余白を示す
([\(\)\d-]+)	第2グループでは、半角数字と()-記号の組み合わせが1文字以上続いた状態を示す。これが電話番号を取り出すためのもの
\s+	空白文字。第2グループと第3グループの間の余白
([\w.-_]+@[\w.-_]+)	[\w.-_]は半角英数字と.-_記号を表す。これらの文字が、「○○@○○」という形につながって書かれている文字列をメールアドレスとして取り出す

これで、3つの文字列のグループと、その間をつなぐ空白文字をパターンとして表現してあるのです。3つのグループには、それぞれ名前・電話番号・メールアドレスが取り出されます。

findallでは、パターンに合致した文字列部分から、グループ指定された部分をタプルにまとめたものとして値が得られます。ここでは3つのグループがありますから、これらのグループに合致する3つの文字列がタプルになった値が取り出されます。もちろん、検索されるのは1つだけではありません。探し出したそれぞれのタプルのリストがfindallで取り出されるのです。後は、

forなどを使ってリストから順にタプルを取り出し処理すればいいのです。

実はメールアドレスはその仕様上完全に正規表現だけで抜き出すのが難しいことがあります。また、電話番号についても入力規則などを徹底しないと上手に処理できないケースが考えられます。ここではある程度単純化した例を解説しています。

HTMLからリンク・アドレスを取り出す

Webサイトのアドレスを取り出すという処理も、よく利用されます。簡単なHTMLのリストをデータとして用意し、そこから<a>タグのhrefなどに記述されているアドレスを取り出してみます。

リスト4-5 リンクのアドレスだけ取り出す

```
import re

data = '''
<html><head></head>
<body>
<a href="http://www.google.co.jp/">Google</a>
<a href="https://www.google.com/webhp?tab=ww&hl=ja">Google</a>
<img src="https://www.python.org/static/img/python-logo@2x.png"/>
</body>
</html>
'''

result = re.findall(r'(https?://)([\w\-\._]+)(/?)([\w\?/:%#\$&~\.=+\-@]*)',
data)

print('※ドメイン')
for item in result:
    print(item[1])
print('\n※フルアドレス')
for item in result:
    print(''.join(item))
```

ここではアドレスをドメイン部分とそれ以降の部分に分けて取り出すようにしています。実行すると以下のような文字列が表示されます。

```
※ドメイン
www.google.co.jp
www.google.com
```

```
www.python.org

※フルアドレス
http://www.google.co.jp/
https://www.google.com/webhp?tab=ww&hl=ja
https://www.python.org/static/img/python-logo@2x.png
```

ここでは、<a>タグと<img>タグにアドレスが記述されています。タグの種類に関係なく、アドレス部分をすべて取り出して処理しているのがわかるでしょう。

ここでは、findallでパターンを指定してアドレス部分を取り出しています。いくつかのグループに分けてあり、2番目のグループにドメイン部分が取り出されます。またフルアドレスは、joinで1つの文字列にまとめて取り出しています。

今回の正規表現パターンがどのようになっているのか、それぞれのグループごとにまとめておきましょう。

表4-4 パターンとその意味（アドレスを抜き出す場合）

(https?://)	http://またはhttps://を示します。
([\w\-\._]+)	その後に続くドメイン部分です。
(/?)	/があれば、そこで区切って取り出します。
([\w\?/:%#\$&~\.=+\-@]*)	/記号以降の部分を取り出します。

ここでは半角英数字のみをチェックしているので、日本語ドメインや日本語を使っているアドレスは取り出せません。パターン次第で、さまざまな値を取り出せる正規表現は、パターンの書き方が全てです。ここでのサンプルを参考にし、いろいろと試行錯誤して試してみてください。

4-2 テキストファイルの読み書き

テキストファイル利用の基本

文字列の処理を行う場合、必須となるのが「テキストファイルを読み書きする処理」でしょう。Pythonにはテキストファイルを利用するための機能が一通り用意されています。ファイル利用の仕方を整理すると、このようになります。

1. ファイルを開く

「open」という組み込み関数を用いて、ファイルを開き、ファイルの種類に応じて対応するファイルオブジェクトを返します。

2. 値を読み書きする

ファイルから値を読み取ったり、ファイルに書き出したりします。これらはファイルオブジェクトに用意されている「read」「write」といったメソッドを呼び出して行います。

3. ファイルを閉じる

ファイルオブジェクトの「close」メソッドを呼び出し、リソースを解放します。これにより、ファイルが他のプログラムからアクセスできるようになります。

この一連の処理により、ファイルの読み書きが行えるようになります。

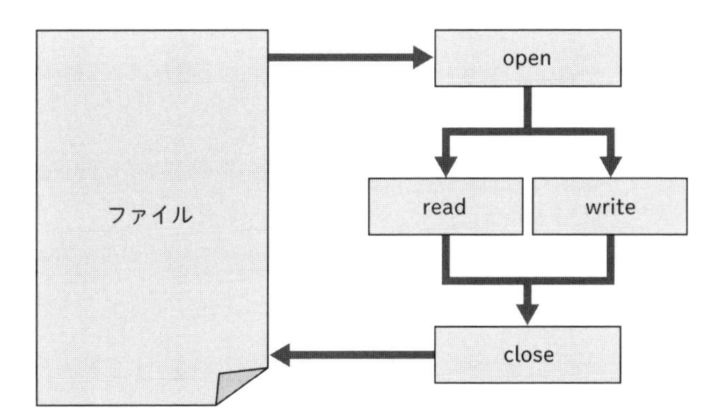

図4-1：ファイルアクセスの処理の流れ。openでファイルを開き、read/writeで読み書きを行い、closeでファイルを解放する。

●——ファイルを開く

ファイルアクセスの処理で最初に行うのが、ファイルを開き、利用するファイルのファイルオブジェクトを取得するopen関数の呼び出しです。

多数の引数が用意(下記例ではデフォルト値を表示)されています。ただし、そのほとんどはオプション扱いのものです。基本的には、最初のファイルパスと次のmodeだけ指定してあれば、後はすべて省略しても大抵は問題なくアクセスが行えるでしょう。

```
open( ファイルパス , mode='r', buffering=-1, encoding=None, errors=None,
newline=None, closefd=True, opener=None )
```

表4-5 open関数の引数の一覧

ファイルパス	アクセスするファイルのパスを文字列で指定します。
mode	アクセスのモードを示す値です。2つ以上の値を組み合わせて書くこともできます。
encoding	ファイルを読み込む際にテキストエンコーディングを指定するものです。デフォルトではNoneが指定されており、これはテキストファイルを読み込む際にエンコーディングが類推されます。確実にエンコーディングを指定したい場合は、例えばencoding='utf-8' というように名前を指定します。
buffering	バッファリングの設定を行うものです。
errors	エラーの扱いを指定するものです。いくつかモードが用意されており、主なものを下にまとめておきます。
newline	ユニバーサル改行モードと呼ばれるものの設定です。テキスト読み込み時、行の終わりに特定の改行コードを挿入するためのもので、None, '', '\n', '\r', '\r\n' のいずれかを指定します。デフォルトではNoneになっています。
closefd	ファイルのクローズに関する挙動を指定します。真偽値の値で、Falseを指定すると、ファイル記述子(ファイルの参照を表す値)使ってファイルを開いた場合、仮想のファイルはクローズ後も開いたままになります。
opener	ファイルを開くための処理(オープナー)を独自に設定するためのものです。オープナーを関数として定義しておき、その関数を値に設定して使います。

表4-6 open関数の引数modeの指定

'r'	読み込み用に開く（デフォルト）
'w'	書き込み用に開く
'x'	書き込み用に開く(ファイルが存在する場合は失敗する)
'a'	書き込み用に開く(ファイルが存在する場合は末尾に追記する
'b'	バイナリモードで開く
't'	テキストモードで開く（デフォルト）
'+'	更新用に開く（読み込み／書き込み）

表4-7 open関数の引数bufferingの設定

0	バッファリングをOffにする
1	行単位でバッファリング(テキストモードのみ)
2以上の整数	指定のバイト数でバッファリング

表4-8 open関数の引数errorsの例

'strict'	ValueErrorを発生させる
'ignore'	無視する
'replace'	テキストモードで、失敗した箇所に「?」を挿入する

ファイルを閉じる

ファイルの利用が終わったら、ファイルオブジェクトの解放を行います。ファイルオブジェクトに用意されている「close」を呼び出すだけです。引数なども なく非常に単純なメソッドです。

```
ファイルオブジェクト .close()
```

これによりリソースが解放され、ファイルのアクセスが完了します。実をいえば、closeをしなくともスクリプトが終了される段階でファイルは解放されるのですが、ここではファイル利用の基本として「使い終わったらcloseで解放する」と頭に入れておきましょう。

ファイルに文字列を保存する

ファイルへの書き出しを行うサンプルを作成します。

リスト4-6 文字を入力してファイルに書き込む

```
f = open('data.txt', mode='w')
while(True):
    s = input('message:')
    if (s == ''):
        break;
    f.write(s + '\r\n')
f.close()
print('finished!')
```

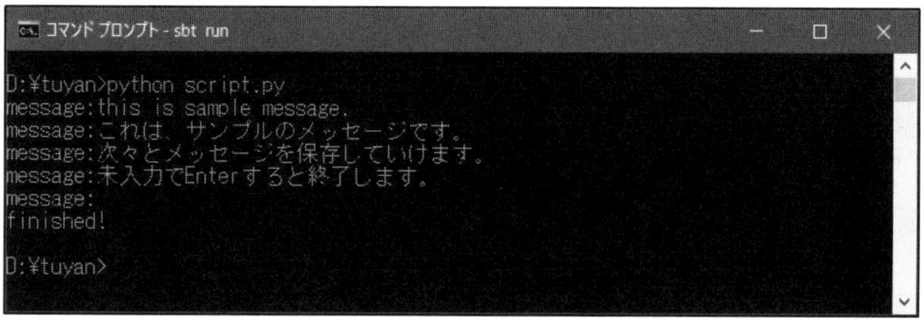

```
コマンド プロンプト - sbt run

D:¥tuyan>python script.py
message:this is sample message.
message:これは、サンプルのメッセージです。
message:次々とメッセージを保存していけます。
message:未入力でEnterすると終了します。
message:
finished!

D:¥tuyan>
```

図4-2:実行すると、次々と文字列を入力していけば、それらがすべてファイルに保存される。

スクリプトを実行すると、「message:」と表示されるので、文字列を記入し、Enter または Return を押します。これで、その文字列がファイルに追記されます。繰り返し message: を訪ねてくるので、次々に入力していきましょう。入力が終わったら、未入力のまま Enter/Return キーを押せばプログラムを終了します。

writeによる書き出し

ここでは、open でファイルを開いた後、ファイルオブジェクトの「write」メソッドを使って文字列を書き出しています。これは以下のように利用します。

```
《ファイルオブジェクト》 .write( 値 )
```

引数には、保存する値(文字列)を指定します。これで、その文字列がファイルオブジェクトのファイルに保存されます。

ここでは、open時に mode='w' で開いたため、既にファイルがあった場合はその内容がクリアされ、新たに保存されます。model='a' にしておけば、スクリプトを実行するたびに文字列をどんどんファイルに追記していくことができます。

ファイルから文字列を読み込む

文字列の書き出しは、ただ値を write するだけであり、非常にシンプルです。しかし、読み込みになると話は違います。

読み込みの場合、そのファイルに書かれているデータがどんなものか、またどれぐらいのデータが保存されているのかがわかりません。このため、どのようにしてデータを読み込んでいくかを考える必要があります。

もっとも単純な方法は、「全部の文字列をまとめて読み込む」というものです。これは、ファイルオブジェクトの「read」メソッドを使います。

```
ファイルオブジェクト .read()
```

このように引数なしで read メソッドを呼び出すと、ファイルにある文字列を一括して読み込み返します。実際に使ってみましょう。

リスト4-7 ファイルから文字列を読み込む

```
f = open('data.txt', mode='r')
res = f.read()
f.close()
print('read data:')
print(res)
```

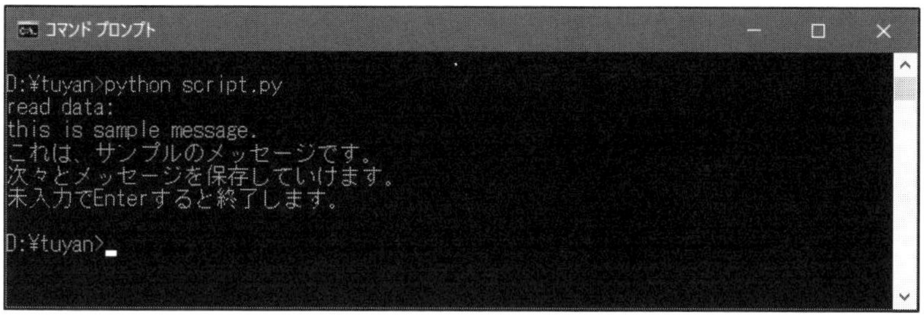

```
D:¥tuyan>python script.py
read data:
this is sample message.
これは、サンプルのメッセージです。
次々とメッセージを保存していけます。
未入力でEnterすると終了します。

D:¥tuyan>
```

図4-3：実行すると、data.txtの文字列を読み込み出力する。

これは、スクリプトファイルが実行するスクリプトファイルと同じフォルダーに用意されているテキストファイル「data.txt」を読み込み、その内容を出力する例です。openでファイルオブジェクトを取得し、そのreadを実行して内容の文字列を変数resに取り込んでいるのがわかります。後はcloseすればアクセス完了です。非常に単純でわかりやすいですね。

1行ずつテキストファイルを読み込む

一括して読み込む他に、テキストファイルの場合は「1行ずつ文字列を取り出す」ということも可能です。openで取得されるファイルオブジェクトは、保存されている文字列をリストのように行番号を指定して取り出すことができます。

```
ファイルオブジェクト [ インデックス番号 ]
```

このような形ですね。したがって、ファイルオブジェクトそのものをリストとして考え、forなどで繰り返し処理させることもできるのです。やってみましょう。

リスト4-8 ファイルを行ごとに出力する

```
f = open('data.txt', mode='r')
count = 0
for p in f:
    count += 1
    print( str(count) + ':' + p)
f.close()
```

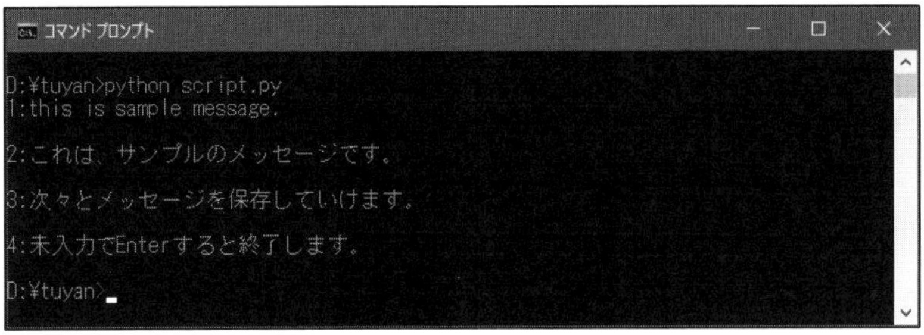

```
コマンド プロンプト
D:¥tuyan>python script.py
1:this is sample message.

2:これは、サンプルのメッセージです。

3:次々とメッセージを保存していけます。

4:未入力でEnterすると終了します。

D:¥tuyan>
```

図4-4：data.txtの文字列を読み込み、行番号をつけて表示する。

data.txtを読み込み、行番号をつけて1行ずつ出力していきます。

```
1:○○
2:○○
……
```

実行すると、このような形で冒頭に行番号をつけて文字列が表示されるのがわかります。ここでは、openでファイルオブジェクトを変数fに取得後、繰り返しを使って文字列を1行ずつ取り出しています。

```
for p in f:
    ……変数pに1行ずつ文字列が取り出される……
```

このような形ですね。リスト扱いできることで行ごとの文字列処理が非常に簡単に行えるようになっているのがわかります。

ファイルアクセスの問題に対処する

ファイルアクセスは、その手順さえわかれば問題なく行えるというものでもありません。ファイルの利用は、時には例外を発生させ処理が中断されることもあります。このような場合、オープンしたファイルが解放されず他のプログラムから開けなくなるようなこともあります。

例外が発生したような場合への対処、またファイルをクローズする前にプログラムが終了するような場合への対処というのは、ファイルアクセスに必須といえるでしょう。これには、2つのポイントがあります。

try文の利用

例外の発生は、try文を使って対処します。tryについては既に簡単に説明をしました。ファイルアクセスでも、問題が発生した場合はtry文で対処することができます。以下のような形で、アクセス処理をtry内で行うようにすればいいでしょう。

```
try:
    ……ファイルアクセス処理……
except Exception as error:
    ……例外時の処理……
```

with openの利用

openによって開かれるファイルは、プログラムの実行が中断したりすると閉じられることなく終わってしまう場合があります。それを防ぐには、「with」を利用します。

```
with open( 引数 ) as 変数 :
    ……変数を利用してアクセス処理する……
```

このように、with openという形でファイルをオープンするのです。取得されるファイルオブジェクトは、asの後に用意する変数に代入されます。後は、通常のファイルアクセスと同様にファイルオブジェクトを使って処理を行えばいいのです。

例外への対処例

例外への対処をしたスクリプトを挙げておきます。先ほどの「行番号をつけて1行ずつ文字列を表示する」というスクリプトを例外に対処させてみることにします。

リスト4-9 withを使ったファイル処理の例

```
try:
    with open('data.txt', mode='r') as f:
        count = 0
```

```
        for p in f:
            count += 1
            print( str(count) + ':' + p)
except Exception as error:
    print(str(error))
```

動作は先ほどのスクリプトと同じですが、何らかの理由で例外が発生した場合(ファイルが見つからない、データがテキストファイルでないなど)、ファイルをクローズしてエラーメッセージを表示し終了するようになっています。これならなにか問題が発生しても安全です。

例外が発生した場合には、except Exception as error: という部分にジャンプします。ここでは「Exception as error」と記述してありますが、これは発生した例外クラスがerrorという変数に設定されることを示します。このerrorを調べることで、発生した例外の原因などを解明することができるでしょう。

ここでは、printでerrorを表示しています。これでどういうエラーが起こったのか確認できます。

4-3 CSVファイルのアクセス

CSVファイル

表形式のデータの利用によく用いられるのがCSVファイルです。CSVは「Comma Separated Values」の略で、各値をカンマなどで区切ることで多数のデータをひとまとめにしたテキストファイルです。Excelなどでも開けます。Pythonには CSVファイル利用のための標準モジュールが用意されており、これを利用すれば快適にCSVファイルを処理できます。

●――リーダーとライター

CSVモジュールに用意されているのは、「リーダー」「ライター」と呼ばれるオブジェクトと、それらを生成するための関数です。リーダーはデータを読み込むための、ライターはデータを書き出すための機能を扱うオブジェクトです。これらはテキストファイルと同様、openで得られるファイルオブジェクトを使って処理を行います。これらの処理の流れを簡単に整理すると以下のようになります。

1. **openでファイルオブジェクトを取得する**
2. **ファイルオブジェクトからリーダー／ライターのオブジェクトを生成する。**
3. **リーダー／ライターのメソッドを呼び出し、CSVデータを読み書きする。**
4. **ファイルオブジェクトをクローズし、リソースを解放する。**

テキストファイルと同じようにファイルオブジェクトを取得した後、そこからリーダー／ライターのオブジェクトを生成します。そしてこれらのオブジェクトにあるメソッドを使って、CSVのデータを処理していくのです。

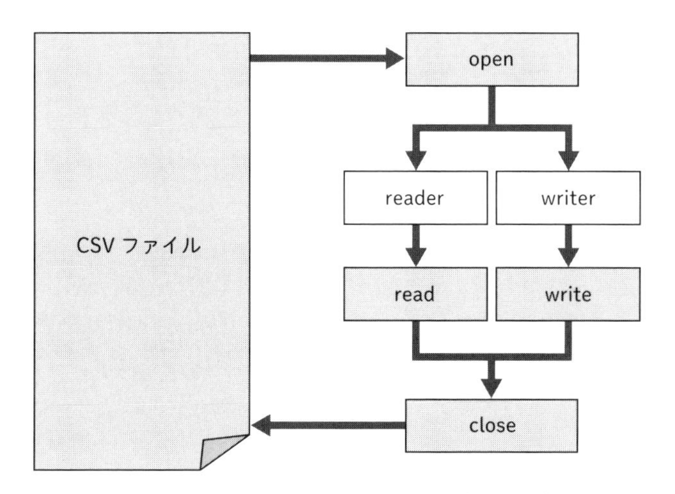

図4-5：CSVファイルでは、openした後、リーダー／ライターと呼ばれるオブジェクトを作成し、そこからデータを読み書きする。

CSVデータを用意する

実際にCSVファイルを利用する処理について、サンプルをあげて説明します。まずは、サンプルとなるCSVファイルを作成します。ここでは例として、各教科名と点数をまとめたものを作成しておきます。

実行するスクリプトファイルがあるフォルダ内に「data.csv」という名前でファイルを作成してください。そこに以下のようにデータを記述します。

リスト4-10 CSVファイル例(data.csv)

```
教科,点数
国語,98
数学,82
英語,67
理科,73
社会,54
```

今回は、各値をカンマ(,)と改行で区切って記述するスタイルでデータを用意しました。このデータを読み込んで使用することにします。

CSVデータの読み込み

CSVファイルからデータを読み込んで利用する方法について説明します。CSVでは、ファイルオブジェクトからリーダーを作って利用します。リーダーのオブジェクトは、csvモジュールのreader関数で作成します。

```
csv.reader( ファイルオブジェクト )
```

このように、reader関数の引数にファイルオブジェクト(openの戻り値で得られるものです)を指定して実行すると、readerオブジェクトが返されます。このreaderは、ファイル内のデータを反復処理するための機能を提供します。これをforなどの繰り返し構文で利用することで、CSVファイルの全データを取り出し処理することができます。

整理するなら、以下のようになるでしょう。

```
for 変数 in 《reader》:
    ……変数に1行ごとのデータが保管されている……
```

readerから取り出された値はリストになっており、その中から各値を取り出すことができます。

●――readerの引数について

reader関数は、ファイルオブジェクトを引数に指定するだけでreaderを作成できますが、これは必要最低限の引数を使った書き方です。reader関数には、この他にも多数の名前付き引数が用意されています。

表4-9 readerの引数

delimiter	デリミッター(区切り文字)の指定。文字列で指定。
doublequote	値に含まれるクォート記号を二重にするかどうか。Trueならば二重にする。
escapechar	エスケープ文字の指定。デフォルトはNone。
lineterminator	行の区切り文字(改行記号)の指定。改行文字の文字列で指定。
quotechar	使用するクォート記号。文字列で指定。
skipinitialspace	空白文字の除去。Trueならば取り除く。

これらは基本的に全てデフォルトで値が設定されているため、省略しても全く問題ありません。明示的に設定をしておきたい項目のみ用意すればいいでしょう。

CSVファイルを表示する

CSVの読み込み例として、data.csvを読み込んで表示する処理を作成します。ここでは各教科の点数を読み込み、合計と平均を計算します。

リスト4-11 CSVファイルを読み込み各種の計算を行う

```
import csv

try:
    with open('data.csv', mode='r', encoding='utf-8') as f:
        reader = csv.reader(f)
        total = 0
        for r in reader:
            try:
                total += int(r[1])
            except ValueError as v_err:
                print(r)
            print( r[0] + ':' + str(r[1]))
        print('合計: ' + str(total))
        print('平均: ' + str(total // 5))
except Exception as error:
    print(str(error))
```

実行すると、data.csvを読み込み、以下のように内容を出力していき、最後に合計と平均を表示します。

```
['教科', '点数']
教科:点数
国語:98
数学:82
英語:67
理科:73
社会:54
合計: 374
平均: 74
```

●――処理の流れを整理する

スクリプトの内容を整理します。

・readerの取得

reader関数でreaderオブジェクトを取得します。これを利用するには、import csvでcsvモジュールをインポートしておく必要があります。

```
reader = csv.reader(f)
```

・readerを繰り返し処理する

取り出したreaderは、繰り返しを使って順にデータを取り出していきます。ここではfor構文を利用しています。これで変数rには、1行のデータがリストの形で取り出されます。

```
for r in reader:
```

・値を合計していく

ここでは、CSVデータは「教科名」「点数」という形になっていますから、r[1]の値をtotalに足していけば合計が計算できます。

ただし、忘れてはいけないのが、「1行目は、各項目のタイトルが書いてある」という点です。したがって、最初の行のr[1]は、数字ではないので足してはいけません。これはどうやればいいのでしょうか。

いろいろ方法は考えられますが、ここでは「整数に変換するときの例外をtryで処理する」という方法を取りました。数字以外の値だった場合は例外が発生するのでexceptにジャンプします。そこでprintで内容を表示するようにしてあります。

```
try:
    total += int(r[1])
except ValueError as v_err:
    print(r)
```

CSVデータの書き出し

CSVファイルを書き出しましょう。これによってExcelで開けるデータ作成がPythonでできます。ライターにもファイルオブジェクトを与える必要があります。注意したいのは、openする際に「ファイルを書き込めるモードで開く」という点です。mode='a'あるいはmode='w'を指定すればいいでしょう。mode='r'など読み込み専用モードだと例外が発生します。

ライターは、csvモジュールの「writer」関数を使って作成します。必須なのは、ファイルオブジェクトのみなので、他は省略します。

```
csv.writer( ファイルオブジェクト )
```

このようにしてwriterオブジェクトを作成します。ファイルオブジェクト以外の引数は必要な場合のみ追加すればいいでしょう。

●――行データの書き出し

writerオブジェクト（ライター）に用意されているメソッドを使って、ファイルにCSVデータを書き出します。これは通常、「writerow」というメソッドを利用します。このwriterowは、データをCSVの「行」として書き出すもので、以下のように記述します。

```
《writer》.writerow( リスト )
```

引数には、書き出すデータを指定します。これは、リストなどのイテラブルなオブジェクトを使います。

CSVデータを作成する

実際にCSVに保存するサンプルを挙げます。これはユーザーが入力した文字列をCSVファイルに保存していくものです。

リスト4-12 CSVファイルに入力内容を出力する

```
import csv

try:
    with open('data2.csv', mode='w', encoding='utf-8') as f:
        writer = csv.writer(f, delimiter=',', lineterminator='\r', \
                skipinitialspace=True)
        while True:
            instr = input('data:')
            if instr == '':
                break
            inlist = instr.split(' ')
            writer.writerow(inlist)
except Exception as error:
    print(str(error))
print('***end.***')
```

これを実行すると、「data:」と表示され、入力状態になります。ここで、保存したい値を半角スペースで区切って記述します。Enter/Returnを押すと、再び「data:」と表示されるので、次の行を入力します。こうして一通りの入力が終わったら、何も入力したいでEnter/Returnするとプログラムを終了します。

例えば、以下のように入力を行っていった場合を考えてみましょう。

```
data:taro 98 76
data:hanako 78 90
data:sachiko 56 45
data:jiro 39 28
data:
***end.***
```

すると、スクリプトファイルと同じ場所に「data2.csv」というファイルが作成され、そこに以下のようにデータが保存されます。半角スペースで区切った値がカンマ区切り文字列に変換されて書き出されています。

```
taro,98,76
hanako,78,90
sachiko,56,45
jiro,39,28
```

●———処理の流れを整理する

処理の流れをポイントごとに説明します。

・writerオブジェクトの生成

csv.writerの実行は、ファイルオブジェクトの他、delimiter、lineterminator、skipinitialspaceといった引数を付けて実行しています。これらのオプションはreaderのものとほぼ同じなので、そちらも参考にしてください。

```
import csv

try:
    with open('data2.csv', mode='w', encoding='utf-8') as f:
        writer = csv.writer(f, delimiter=',', lineterminator='\r', \
                skipinitialspace=True)
        while True:
            instr = input('data:')
            if instr == '':
                break
            inlist = instr.split(' ')
            writer.writerow(inlist)
except Exception as error:
    print(str(error))
print('***end.***')
```

・値の保存

値の保存は、入力された値を半角スペースで切り分けたリストを用意し、これをwriterowで書き出しています。こうすれば文字列を簡単にCSVデータとして書き出せます。

```
inlist = instr.split(' ')
writer.writerow(inlist)
```

4-4 OpenPyxlによるExcelファイル操作

OpenPyxlの用意

業務で最も多用されているファイルといえば、テキストファイルと並び「Excel」ファイルでしょう。Excelは、スプレッドシート・表計算の代名詞とも呼べるもので、さまざまな分野で用いられています。このExcelのファイルを利用できれば……と思っている人も多いはずです。

Excelのファイルを利用するためのモジュールとして最も広く使われているのが「OpenPyxl[*1]」です。Excel 2010以降で標準のxlsx/xlsmファイルを読み書きする機能を提供します。OpenPyxlは、AnacondaのNavigatorあるいはpipでインストールできます。

Anacondaの場合

Navigatorを起動し、左側のリストから「Environment」をクリックして選択してください。インストールされているモジュールのリストが右側に表示されます。ここで、上部の「Installed」と表示されたボタンをクリックし「All」を選択します。

その右側にある検索フィールドに「OpenPyxl」と入力し検索しましょう。OpenPyxlモジュールが見つかります。インストールされていなければ、その場でインストールできます。OpenPyxlの名前の部分にあるチェックボックスをONにし、下部の「Apply」ボタンをクリックすればインストールできます。なお、デフォルトの状態では、base(root)環境には既にインストール済みです。

pipならpip install openpyxlで導入できます。

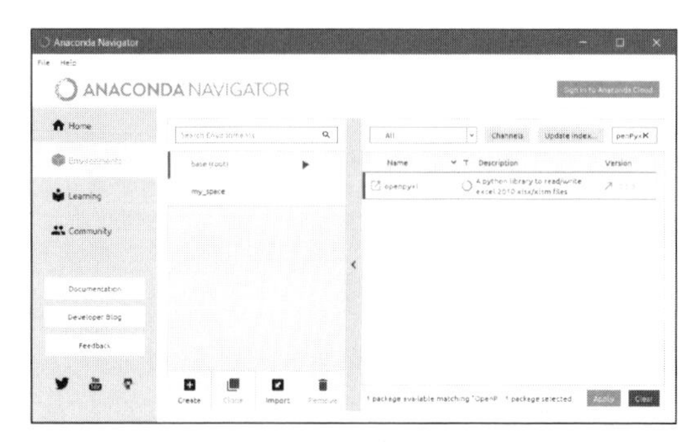

図4-6：NavigatorでOpenPyxlを検索する。標準では組み込み済み。

＊1 https://openpyxl.readthedocs.io/en/stable/tutorial.html

Excelファイルの構造

OpenPyxlでExcelファイルを利用する場合、考えなければいけないのが「Excelファイルの構造」です。Excelファイルは、テキストファイルのように「データを順番に読み書きするだけ」といったものではありません。Excelは、決まった構造に従ってデータが記述されています。セル、シート、ブック……、CSVに比べてもなかなか複雑です。まず、その構造を理解しておかなければいけません。

・ワークブック

- Excelのファイルは、ワークブックと呼ばれます。これがベースとなり、この中にさまざまなデータが保管されます。

・ワークシート

- ワークブックには、複数のワークシート（一般にシートと呼ばれる）が用意されます。みなさんがExcelの画面で見る、縦横にセルが並んだ画面は、このワークシートの画面です。

・セル

- ワークシート内に縦横に並んでいるのがセルです。Excelに記述されているデータは、すべて個々のセルの中に値や式として記述されています。

Excelファイルを利用するためには、ワークブックを開き、そこにあるワークシートの中から特定のセルのデータを読み書きする、といったやり方をする必要があるのです。

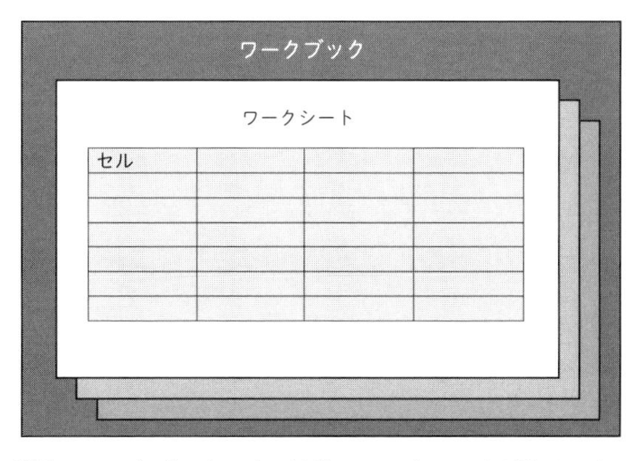

図4-7：Excelファイルの構造。ワークブックの中に複数のワークシートがあり、各ワークシート内に多量のセルがある。

Excelファイルの作成

Excelファイルを利用する基本的な処理を整理します。まずは「Excelファイルの作成」を行ってみましょう。

・OpenPyxl（のWorkbook）のインポート

```
from openpyxl import Workbook
```

・ワークブックの新規作成

```
Workbook()
```

Excelファイルを新たに作る場合は、新しいワークブックのオブジェクトを作成します。これはOpenPyxlのWorkbookクラスとして用意されています。このインスタンスを作成します。

・ワークブックの保存

```
《Workbook》.save( ファイルパス )
```

ワークブックの保存は、Workbookインスタンスのsaveメソッドを使います。これは引数に保存するファイルのパスを指定して実行します。ファイル名だけを記述すると、スクリプトファイルがあるフォルダ内に保存されます。

●――ファイルを保存する

以下は、data.xlsxというExcelファイルを作成する例です。

リスト4-13 空のExcelファイルを作成する

```
from openpyxl import Workbook # opnepyxlのWorkbookをインポート

wb = Workbook() # Workbook() でworkbookオブジェクト作成
wb.save('data.xlsx') # workbookオブジェクト.save(ファイル名) で保存
print('saved.')
```

これを実行すると、Excelファイルを作成し「saved.」と表示します。ただファイルを作るだけで、中身は空の状態です。

ワークシートに値を記入する

「Excelにデータを保存する」というのは、正確には「ワークブックからワークシートを取り出し、その中の特定のセルに値を設定する」ということです。そのためには、いくつか覚えておかなければいけないことがあります。ポイントを押さえましょう。

・アクティブなワークシートを得る

```
《Workbook》.active
```

ワークブックにはいくつかのワークシートが保管されています。その中で、現在選択されているワークシートを得るものです。ワークシートを新規作成した場合も、1枚だけワークシートは用意されており、このactiveで取り出すことができます。これで得られるのは「Worksheet」というクラスのインスタンスです。ここにあるメソッドを使って、シート内のセルを操作します。

・新たにワークシートを作成する

```
《Workbook》.create_sheet
```

新たにワークシートを作成し、そのWorksheetインスタンスを返します。ワークブックにシートを作るときはこれを使います。

・セルを得る

```
《Worksheet》[ セル ]
《Worksheet》.cell( row=行 , column=列 )
```

ワークシートからセルを取り出すにはいくつか方法があります。基本は、セルの位置を示す値を使って得るやり方です。セルには、アルファベットと数字で名前が割り振られています。例えば左上のセルは「A1」ですし、その右隣りは「B1」、1つ下は「A2」となります。Worksheetの後に添え字([]記号)を使い、この名前を指定することでセルを取り出すことができます。

また、セルは「左から○○番目、上から○○番目」というように上下左右の位置を示す整数で指定することもできます。cellメソッドがこのやり方でセルを取り出す方法で、引数にrowとcolumnを用意します。こうして得られるのは、「Cell」というクラスのインスタンスです。

・セルの値

```
《Cell》.value
```

セルに設定されている値は、valueというプロパティとしてCellインスタンスに用意されています。この値を読み書きすることでセルの値を取得・操作できます。

●———セルにナンバリングする

セルを操作するサンプルを挙げます。data.xlsxというファイルに、簡単なデータを設定し保存してみます。

リスト4-14 セルに値を入力する

```
from openpyxl import Workbook

wb = Workbook()
ws = wb.active # アクティブなシートの取得
ws.title = 'Sample' # ワークシート名の設定
ws['A1'].value = 'Hello Excel!' # A1セルの値に代入
# 各セルにデータ（整数）を代入
for i in range(2,10):
    ws.cell(row=i, column=1).value = 'No,' + str(i - 1)
wb.save('data.xlsx')
print('saved.')
```

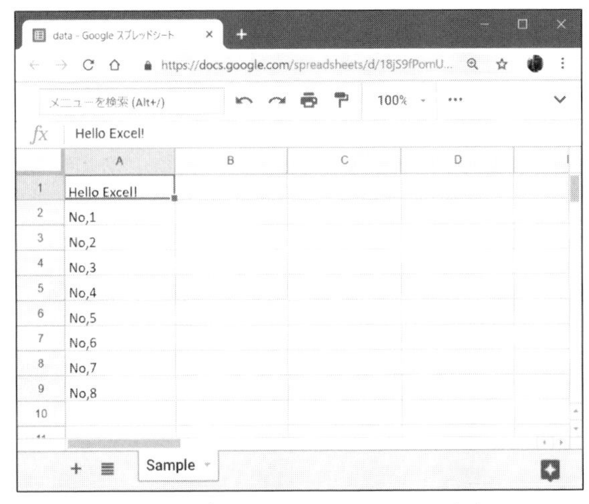

図4-8：作成されたExcelファイルの内容。

実行するとdata.xlsxファイルを作成します。これを開くと、一番左上に「Hello Excel!」と文字列が、そしてA2からA9までのセルに1～8の数字が設定されます。

表を作成する

基本的なセル操作ができるようになれば、データを元に表を自動生成することもできるようになります。簡単な例を挙げておきましょう。

リスト4-15 Excelの表を作成する

```
import random # 乱数を使う
from openpyxl import Workbook

wb = Workbook()
ws = wb.active
ws.title = 'Sample'

def makeData():
    ws['A1'].value = '支店'
    ws['B1'].value = '売上'
    # dataを作成してfor文と組み合わせて処理
    data = ['東京', '大阪', '名古屋', '札幌', '仙台']
    for i in range(2,7):
        ws.cell(row=i, column=1).value = data[i - 2]
        _cell = ws.cell(row=i, column=2)
        _cell.number_format = '#,##0'
        _cell.value = random.randint(1,100) * 10
    ws['A10'].value = '合計'
    ws['B10'].number_format = '#,##0' # セルのフォーマット指定
    ws['B10'].value = '=SUM(B2:B6)'

makeData()

wb.save('data.xlsx')
print('saved.')
```

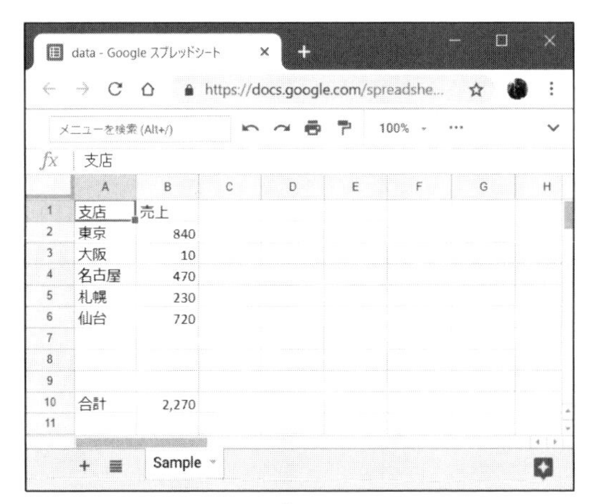

図4-9：スクリプトで表を生成する。

●――処理の流れを整理する

表を作成している部分は、この後の再利用を考えて関数にまとめてあります。スクリプトを実行すると、data.xlsxファイルを作成し、その中に例えば以下のような表を作成します。

数値はランダムに設定しています。また、その下の方には合計が計算され表示されています。

```
支店　　売上
東京　　840
大阪　　10
名古屋　470
札幌　　230
仙台　　720

合計　　2,270
```

・フォーマットの設定

数値を入力するセルのフォーマットを設定し、3桁ごとにカンマを付けて表示するようにしてあります。このフォーマットの設定は以下のように行います。

```
《Cell》.number_format = フォーマット
```

ここでは、'#,##0'というフォーマットにしてあります。このように数値フォーマットを設定したセルでは、valueは数値を設定するようにしてください。

・関数の設定

B10セルには、表の数値部分を合計し表示をしています。以下のように行っています。関数や式などの割り当ては、valueでそのまま行うことができます。値を'=○○'というようにすることで、指定した式や関数の結果を表示するようになります。

```
ws['B10'].value = '=SUM(B2:B6)'
```

円グラフを作成する

Excelは、データを元にその場でグラフを作成できます。これももちろん、OpenPyxlで行えます。様々なチャートが用意されていますが、一例として「円グラフ」の作成を行ってみましょう。

リスト4-16 円グラフの作成

```
import random
from openpyxl import Workbook
# グラフ（チャート）関連をインポート
from openpyxl.chart import PieChart, Reference

wb = Workbook()
ws = wb.active
ws.title = 'Sample'

def makeData():
    ws['A1'].value = '支店'
    ws['B1'].value = '売上'
    # dataを作成してfor文と組み合わせて処理
    data = ['東京', '大阪', '名古屋', '札幌', '仙台']
    for i in range(2,7):
        ws.cell(row=i, column=1).value = data[i - 2]
        _cell = ws.cell(row=i, column=2)
        _cell.number_format = '#,##0'
        _cell.value = random.randint(1,100) * 10
    ws['A10'].value = '合計'
    ws['B10'].number_format = '#,##0' # セルのフォーマット指定
    ws['B10'].value = '=SUM(B2:B6)'

makeData()

pie = PieChart() # 円グラフの作成
# データの参照元決定、Referenceでセル範囲を参照している
```

```
data = Reference(ws, min_col=2, min_row=2, max_row=6)
pie.add_data(data) # グラフ作成用のデータを追加
# ラベルの参照元決定
labels = Reference(ws, min_col=1, min_row=2, max_row=6)
pie.set_categories(labels) # 凡例ラベルの設定、add_data()の後に行う

pie.title = "Pie Chart" # タイトル設定

ws.add_chart(pie, "D1") # 円グラフをワークシートに追加

wb.save('data.xlsx')
print('saved.')
```

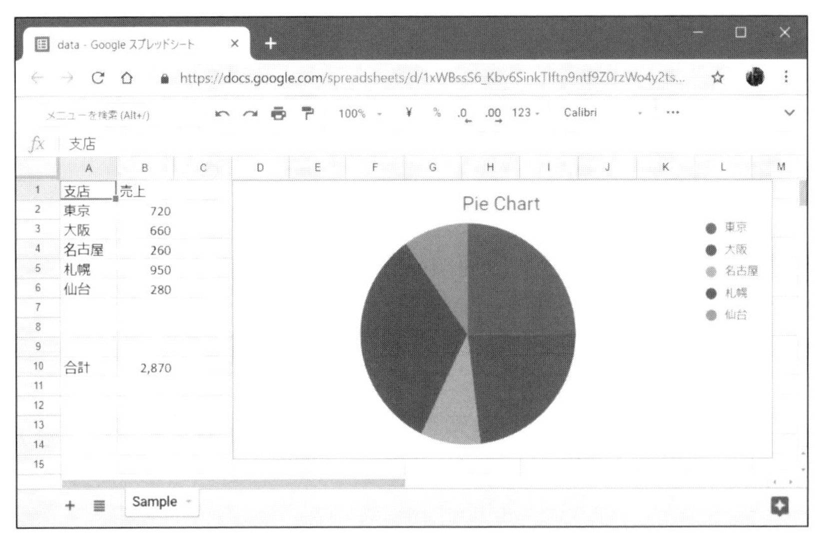

図4-10：表を作成し、円グラフにまとめる。

作成されるdata.xlsxファイルを開くと、表の右側に円グラフが表示されます。表の数字を変えればグラフも変わります。指定された範囲を参照してグラフが作成されていることがわかるでしょう。

●———処理の流れを整理する

円グラフにはPieChart、そしてグラフのもととなる参照範囲の作成にReferenceをopenpyxl.chartからインポートします。

```
from openpyxl.chart import PieChart, Reference
```

シート上の一定範囲を参照する「Reference」というオブジェクトとして用意します。これでグラフのデータやラベルのもととなるセル範囲を指定しています。

Referenceは、「どのワークシートのどの列のどの範囲か」といったことを引数で指定することで、その範囲を表すReferenceを作成できます。列と行の範囲は、すべて指定する必要はありません。例えば、参照するところが1列のデータだけなら、その列をmin_colに指定し、max_colは省略できます。

・リファレンスの取得

```
Reference(《WorkSheet》, min_col=最小列, max_col=最大列, min_row=最小行, max_row=
最大行)
```

グラフにデータを追加するには、グラフに用いるセル範囲を指定して渡す必要があります。このあたりは普通のExcelと一緒です。

・グラフにデータを追加する

```
pie.add_data(data)
```

作成された円グラフは、そのままでは表示されません。WorkSheetの「add_chart」でワークシートに追加して初めて表示されるようになります。

```
ws.add_chart(pie, "D1")
```

棒グラフを作成する

「棒グラフ」を作成しましょう。これは「BarChart」というクラスとして用意されています。

リスト4-17 棒グラフの作成

```
import random
from openpyxl import Workbook
# BarChartとReferenceを利用
from openpyxl.chart import BarChart, Reference

wb = Workbook()
ws = wb.active
ws.title = 'Sample'
```

```
def makeData():
  ……リスト4-16と同じ略……
makeData()

bar = BarChart()
bar.title = "Bar Chart"
bar.y_axis.title = '売上'
bar.x_axis.title = '支店'

data = Reference(ws, min_col=2, min_row=1, max_row=6)
bar.add_data(data, titles_from_data=True)
title = Reference(ws, min_col=1, min_row=2, max_row=6)
bar.set_categories(title)
ws.add_chart(bar, "D1")

wb.save('data.xlsx')
print('saved.')
```

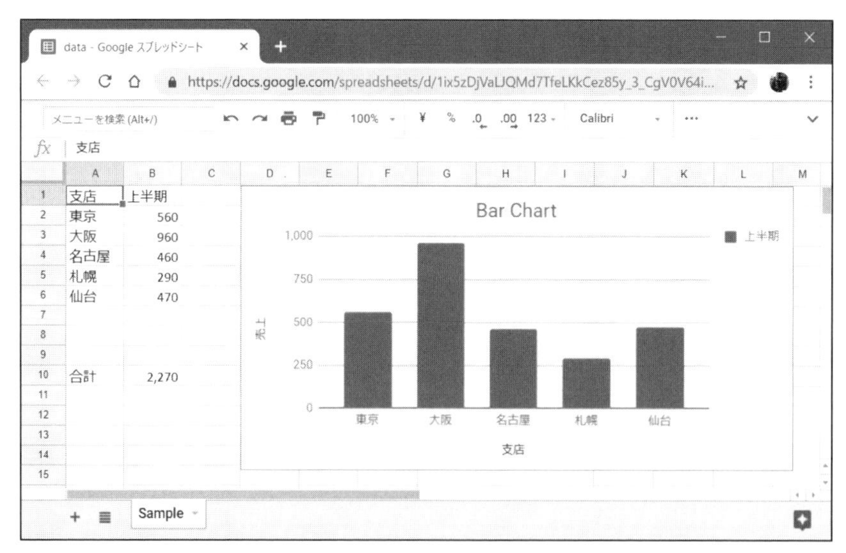

図4-11：表を作成し、棒グラフにまとめる。

見ればわかりますが、円グラフになく棒グラフにある項目はX, Y軸のタイトル設定ぐらいで、その他のタイトル、データ、ラベルの設定、ワークシートへの追加などはPieChartとほぼ同じです。１つのグラフの利用がわかれば、他のグラフも同じようなやり方で使えるようになるのです。

基本的なグラフ作成の流れは円グラフとほぼ同じです。ここでは１種類の棒グラフのみを表示していますが、データを2列3列と増やせば、複数の棒グラフを表示させることもできます。

今回は、add_dataでデータを設定する際、titles_from_data=Trueにしています。こうすると、データに設定した範囲の一番上の行をデータのタイトルとして利用するようになります(これが凡例に表示されます)。

4-5 Pandasによるデータ集計

データ集計とPandas

Excelなどの表計算ソフトは、データ集計を行う際に多用されますが、Python自身にもデータの集計や解析を行うためのライブラリが揃っています。中でも、もっとも広く利用されているのが「Pandas[*2]」パッケージでしょう。データ分析ではChapter 3で紹介したNumPy、matplotlibと並んで重要なパッケージです。

Pandasはデータ集計だけでなく、CSVやExcelファイルの読み書きなどを行う機能も備えているため、Excelのファイルを読み込んで処理を行ったり、処理されたデータをCSVファイルなどに出力することも可能です。ExcelファイルやCSVファイルの元データをPythonで処理するような場合には最適なライブラリといえるでしょう。

●———Pandasのインストール(Anaconda)

Navigatorを起動し、左側のリストから「Environment」をクリックして使用する環境を選択します。上部の「Installed」ボタンをクリックし「All」を選択、検索フィールドに「pandas」と入力し検索し、「pandas」パッケージをチェックして「Apply」ボタンでインストールします。

pipならpip install pandasです。

●———xlrdのインストール

Pandasでは、Excelファイルのアクセスに「OpenPyxl」「xlrd」というモジュールを利用します。OpenPyxlは既にインストール済みですから、残るxlrdもインストールしておきましょう。Anaconda利用の場合は、Navigatorを起動し、左側のリストから「Environment」をクリックして使用する環

＊2　https://pandas.pydata.org/

境を選択し、検索フィールドから「xlrd」パッケージを検索してインストールしてください。pipなら pip install xlrd です。

DataFrameについて

Pandasは、データを「DataFrame」というオブジェクトにまとめて処理します。表形式でデータを扱えます。2次元のリスト（リスト内のリスト、[[10,20], [30,40]]など）のようなものです。以下のような形でインスタンスを作成します。データの指定はオプショナルですが実際には指定することが多いので省略表記（[]で囲む）はしていません。また、一部の引数は省略しています。詳細はドキュメント[*3]を参照してください。データの型なども確認できます。

```
import pandas

pandas.DataFrame(データ[, index=行名] [, columns=列名])
```

引数には2つの値を用意します。dataは、DataFrameに初期値として設定されるデータです。これは、「各行の値をタプル/リストにまとめたタプル/リスト」（2次元のタプル/リスト）が用いられます。例えば、このようなデータを考えてみましょう。

```
A  100
B  200
C  300
```

これは、[('A', 100), ('B', 200), ('C', 300)] という値で表せます。DataFrameを作ってみます。

```
import pandas as pd # pandasもpdの別名利用が多い

df = pd.DataFrame([('A', 100), ('B', 200), ('C', 300)])
print(df)
```

実行結果は次のようになります。DataFrameは、データの冒頭に行名・列名の番号が自動的に割り当てられます。まさに表のように見えますね。

```
   0    1
0  A  100
```

＊3　https://pandas.pydata.org/pandas-docs/stable/reference/api/pandas.DataFrame.html

```
1  B  200
2  C  300
```

データをDataFrameにまとめて表示する

データを作成し、それをDataFrameに設定して表示します。

リスト4-18 DataFrameの作成と表示

```
import random
import pandas as pd

arr1 = ['東京'] * 2 + ['大阪'] * 2 + ['横浜'] * 2
arr2 = ['前期','後期'] * 3
arr3 = [random.randint(0,100 for i in range(6)] # リスト内包表記（後述）

data = list(zip(arr1,arr2,arr3))
df = pd.DataFrame(data=data, columns=['支店', '期間', '売上'])
print(df)
```

「支店」「期間」「売上」といった列からなるデータを用意し、これをDataFrameに設定しています。実行すると、以下のような内容が出力されます。売上の値はランダムに取得しているため、書籍とは異なるはずです。東京・大阪・横浜の各支店の売上について、前期後期の値が用意されているのがわかります。

```
   支店  期間  売上
0  東京  前期  87
1  東京  後期  19
2  大阪  前期  87
3  大阪  後期  78
4  横浜  前期  29
5  横浜  後期   8
```

●処理の流れを整理する

今まで使わなかった関数などに注目して処理を一部解説します。arr3（売上データ）では、以下のような形でリストを作成しています。

```
arr3 = [random.randint(0,100) for i in range(6)]
```

これは「リスト内包表記」と呼ばれるもので、リストをもとに新たなリストを作成するのに用いられます。forによる繰り返し構文を使い、リストから順に値を取り出し、それを使った式の結果を新たなリストとして返します。ここではランダムな数列を作成していますが、リストのデータをもとに新しいリストを作成するのにリスト内包表記は多用されます。

```
[ 式 for 変数 in リスト ]
```

用意された3つのリスト(arr1,arr2,arr3)は、zipという関数を使って1つにまとめられ、それをもとにリストが作成されています。

```
data = list(zip(arr1,arr2,arr3))
```

zipは、引数に用意される値を1つのイテラブルな値(値を順に取り出す仕組みを持ったオブジェクト)にまとめます。この値をそのまま引数にしてlistを呼び出し、リストを作成します。これにより、zipの引数に指定したリストを1つずつタプルに取り出したリストが作成されます。例えば、このようになります。

```
list(zip(['A', 'B'], [100, 200]))
↓
[('A', 100), ('B', 200)]
```

['A', 'B']と[100, 200]という2つのリストから、順に値を取り出し、('A', 100)と('B', 200)というタプルを作って、これをリストにまとめています。

DataFrameでは、様々なデータをリストとして用意し、それをひとつにまとめてDataFrameに設定します。このような場合、リストをzipでまとめ、さらにそれをもとにlistする、というやり方でデータをまとめていくのです。

DataFrameの基本的な働きはわかりました。実践的な利用方法を考えていきましょう。

CSVファイルの利用

Pandasには、ファイルからデータを読み込んだり、DataFrameのデータをファイルに書き出したりする機能が用意されています。扱えるファイルフォーマットは多いですが、データのやり取りの基本ということでCSVでの利用を紹介します。ファイルの読み込みはPandasオブジェクトにあるメソッドを利用します。またDataFrameのデータ保存は、DataFrameオブジェクトにあるメソッドを使います。

・データの読み込み

```
《Pandas》.read_csv( ファイルパス )
```

・データの書き出し

```
《DataFrame》.to_csv( ファイルパス )
```

引数には、それぞれ読み込むファイルのパスを文字列で指定します。read_csvで取り出したデータは、DataFrameのdata引数にそのまま指定することができます。

data.csvを読み込んで表示する

VSV読み込みを使ってみます。CSVファイルのデータを用意します。ここでは、「data.csv」というファイル名で以下のようにデータを記述しておきます。

リスト4-19 Pandasで読み込むCSV(data.csv)

```
支店,期間,売上
東京,前期,98
東京,後期,87
大阪,前期,76
大阪,後期,65
横浜,前期,54
横浜,後期,43
```

最初の行に、各列のラベルを記述し、次行からデータとなる値を記述しています。このデータを読み込み、DataFrameに設定して表示させてみます。また、データの並び順を変更して別のCSVファイルに保存もしてみます。

リスト4-20 CSVからデータを読み込み、処理した後に別のCSVに保存する

```
import pandas as pd

csv_df = pd.read_csv('data.csv')
df = pd.DataFrame(data=csv_df, columns=['期間', '支店', '売上'])
s_df = df.sort_values('期間')

print(s_df)

s_df.to_csv('data_s.csv')
```

ここでは、data.csvを読み込み、DataFrameを作成しています。そして期間の列を基準にしてデータを並べ替えて表示し、それをdata_s.csvという名前でファイルに保存しています。実行すると、以下のような形でデータが表示されるのが確認できるでしょう。

```
   期間  支店  売上
0  前期  東京  98
2  前期  大阪  76
4  前期  横浜  54
1  後期  東京  87
3  後期  大阪  65
5  後期  横浜  43
```

処理の流れ

data.csvに記述されているデータは「支店,期間,売上」となっていますが、DataFrameインスタンスを作成する際、columns=['期間','支店','売上']と引数を指定しているため、DataFrameでは「期間,支店,売上」という順に値が並べられるようになっています。

ここでは、データの並び順を設定するのに「sort_values」というDataFrameのメソッドを用いています。この部分です。

```
s_df = df.sort_values('期間')
```

このsort_valuesは、引数に指定した列を基準にしてデータを並べ替えます。DataFrameそのものを書き換えるわけではなく、並べ替えたDataFrameインスタンスを作成して返します。

なお、ソートを降順(逆順)にしたい場合は、引数に「ascending=False」を指定します。ascendingは、昇順に並べるかどうかを指定する引数です。これをFalseにすることで、降順に並べ替えることができます。

Excelファイルの利用

Excelは、データの集計で使われるものとしては、もっとも広く利用されているソフトでしょう。Excelファイルも、Pandasで利用できます。xlrdというパッケージを追加します。

・データの読み込み

```
《Pandas》.read_excel( ファイルパス )
```

・データの書き出し

```
《DataFrame》.to_excel( ファイルパス )
```

基本的な使い方は、CSVの場合と変わりありません。引数にファイルパスの文字列を指定して呼び出します。read_excelで取得したデータは、そのままDataFrameのdata引数に使うことができます。

●――Excelファイルを読み込んで表示する

先ほどのCSVファイルを使ったサンプルを、Excelファイル利用に書き換えてみましょう。ここでは、data.csvと全く同じデータを記録したdata.xlsxというファイルがあるものとし、これを読み込んで並べ替えて表示し、別ファイルに保存します。

リスト4-21 Excelファイルの読み込み、処理、表示と保存

```
# importはしていないがxlrdはインストールしておく
import pandas as pd

xl_df = pd.read_excel('data.xlsx')
df = pd.DataFrame(data=xl_df, columns=['期間', '支店', '売上'])
s_df = df.sort_values('期間')
print(s_df)
s_df.to_excel('data_s.xlsx')
```

呼び出すメソッドが異なるだけで、スクリプトの内容は全く同じです。CSVファイルでもExcelファイルでも、同じようにDataFrameで利用できることがわかるでしょう。

Seriesでデータを追加する

DataFrameのデータは、DataFrameインスタンスを作成した後で更に追加することができます。これには、Pandasの「Series」というクラスのインスタンスを利用するのが一般的です。

Seriesは、「行データを扱うためのクラス」です。1次元のリスト(例えば[1,2,3,4])がデータ分析用に使いやすくなったもとの考えてください。使い方を解説します[*4]。以下の例で、引数の「データ」は省略できますが使うことが多いので省略可である[]表記を用いていません。また下記以外にも引数はあります。

＊4 詳細はドキュメントを参照。 https://pandas.pydata.org/pandas-docs/stable/reference/api/pandas.Series.html

```
pandas.Series(データ [, index=行名] [, name=名前] )
```

Seriesインスタンス作成の際には、データとなるリストまたはタプルを引数に指定します。indexという引数に、項目名(リストやタプル)を渡します。これにより、リストの形で渡されたデータがそれぞれどの項目の値なのかDataFrameが判断できるようになります。nameは、このSeriesに割り当てられる名前です。DataFrameに追加する際に用います。

●———データの追加

Seriesは、DataFrameのappendメソッドを使ってDataFrameに追加できます。

```
《DataFrame》.append( 《Series》,ignore_index=真偽値 )
```

appendは、DataFrameのデータを直接操作するのではなく、DataFrameにSeriesのデータを追加したDataFrameインスタンスを新たに作成して返します。そのため変数に代入して利用する事が多いでしょう。引数には、追加するデータをまとめたSeriesを指定します。

また、appendでは、ignore_indexという引数も用意されています。これは、データのインデックス値を無視して追加するためのものです。Series作成時にname引数を用意してある場合は、このnameの値がインデックスとして設定されるため、ingore_indexは省略するかFalseに設定できます。しかしname引数を用意していない場合は、ignore_index=Trueにしてインデックスを無視して追加するようにします。

●———データ追加の実例

実際にデータの追加を行ってみましょう。ここまで使ってきたdata.csvを読み込んでDataFrameを作成し、これに更にデータを追加してみます。

リスト4-22 DataFrameにSeriesを追加する

```
import pandas as pd

csv_df = pd.read_csv('data.csv')
df = pd.DataFrame(data=csv_df, columns=['支店', '期間', '売上'])
print(df)

ad_data1 = pd.Series(['神戸', '前期', 32], index=df.columns);
ad_data2 = pd.Series(['神戸', '後期', 21], index=df.columns);

print()
```

```
ad_df = df.append(ad_data1, ignore_index=True)\
    .append(ad_data2, ignore_index=True)
print(ad_df)
```

ここでは、2つのSeriesインスタンスを作成し、appendでDataFrameに追加しています。このリストでは、まずdata.csvから読み込んで作成したDataFrameを表示し、appendで2つのSeriesを追加した後のDataFrameを表示しています。DataFrameの末尾に以下のようなデータが追加されていることがわかるでしょう。ignore_index=Trueを指定すると、インデックスは自動的に値が割り振られます。

```
6   神戸   前期  32
7   神戸   後期  21
```

列の追加

先程は行を追加しましたが、DataFrameに新たな列を追加する事もできます。DataFrameの列名を指定してSeriesを代入します。

```
《DataFrame》[ 列名 ] = 《Series》
```

DataFrameは、各列のデータをSeriesとして扱えるようになっています。

例えば、df['支店']とすると、「支店」列のデータをSeriesインスタンスとして取り出せます。同様に、[○○]と列名を指定してSeriesを代入することで、新たな列が追加できるのです。利用してみましょう。

リスト4-23 DataFrameにSeriesで列を追加

```
import numpy as np # seriesの小数点切り捨てに使う
import pandas as pd

csv_df = pd.read_csv('data.csv')
df = pd.DataFrame(data=csv_df, columns=['支店', '期間', '売上'])

df['税込'] = np.floor(df['売上'] * 1.08)
print(df)
```

ここでは、data.csvから作成されたDataFrameに、新たに「税込」という列を設け、そこに売上の税込金額を設定しています。実行すると、以下のようにデータが表示されます。

```
    支店  期間  売上  税込
0  東京  前期  98  105.0
1  東京  後期  87   93.0
2  大阪  前期  76   82.0
3  大阪  後期  65   70.0
4  横浜  前期  54   58.0
5  横浜  後期  43   46.0
```

ここでは、次のプログラムを実行しています。Seriesは、そのまま演算子を使って四則演算することができます。これにより、Seriesのデータ１つ１つが演算処理された新しいSeriesを作成することができます。

```
df['売上'] * 1.08
```

Seriesの統計処理

Seriesには、データの統計処理を行うためのメソッドが揃っています。これらを利用することで、Seriesのデータをもとに統計処理された値を得ることができます。用意されている基本的なメソッドは以下のようになります。

・合計

```
《Series》.sum()
```

・平均

```
《Series》.mean()
```

・中央値

```
《Series》.median()
```

・最小値

```
《Series》.min()
```

・**最大値**

```
《Series》.max()
```

・**分散(不偏)**

```
《Series》.var()
```

・**分散(標本)**

```
《Series》.var(ddof=False)
```

・**標準偏差(不偏)**

```
《Series》.std()
```

・**標準偏差(不偏)**

```
《Series》.std(ddof=False)
```

簡単な利用例を記します。

リスト4-24 Seriesの計算

```
import pandas as pd

csv_df = pd.read_csv('data.csv')
df = pd.DataFrame(data=csv_df, columns=['支店', '期間', '売上'])
print('合計:%s' % df['売上'].sum())
print('平均:%s' % df['売上'].mean())
print('中央:%s' % df['売上'].median())
print('最小:%s' % df['売上'].min())
print('最大:%s' % df['売上'].max())
```

これは「売上」データの合計・平均・中央値・最小値・最大値を表示するものです。これらを追記し実行すると、以下のような結果が出力されます。ここで使ったメソッドはすべてSeriesに用意されているものです。利用の際にはdf['売上'].sum()というようにDataFrameの特定の列を指定し、そのSeriesからメソッドを呼び出します。

```
合計:423
平均:70.5
中央:70.5
```

```
最小:43
最大:98
```

データのフィルター処理

多数のデータが用意されているような場合、特定の条件に合致するものをピックアップして処理を行うこともあります。DataFrameには、データをフィルタリングするためのメソッドが用意されています。

```
《DataFrame》.query( 条件文字列 )
```

「query」は、引数に指定した文字列をもとにデータをフィルタリングし、条件に合致した行データだけをまとめたDataFrameを作成し返します。

条件となる文字列は、Pythonの比較演算式をそのまま文字列としたようなものになります。例えば「列名 == 値」というような形で列の値が特定のものだけを取り出したり、「列名 < 値」「列名 > 値」というような比較演算式を使って値の比較を行ったりできます。

●——前期と後期を分けて表示

「期間」の値が「前期」のものと「後期」のものをそれぞれまとめて表示します。ここでは、前期と後期の売上データをそれぞれまとめて表示します。実行すると、以下のようにデータが出力されます。

リスト4-25 queryで前期と後期をそれぞれ引き出して利用する

```
import pandas as pd

csv_df = pd.read_csv('data.csv')
df = pd.DataFrame(data=csv_df, columns=['支店', '期間', '売上'])
print(df.query('期間 == "前期"'))
print()
print(df.query('期間 == "後期"'))
```

```
   支店  期間  売上
0  東京  前期  98
2  大阪  前期  76
4  横浜  前期  54
```

```
   支店  期間  売上
1  東京  後期  87
3  大阪  後期  65
5  横浜  後期  43
```

前期と後期に分けてデータが出力されているのが確認できます。ここでは、query('期間 == "前期"')というようにqueryを呼び出し、「期間」列の値が"前期"のものと"後期"のものをそれぞれ取り出しています。

●――売上が平均以上のものを表示

queryの利用例としてもう1つ、数値に関するフィルター処理を見ましょう。売上の平均を計算し、平均以上ものだけをピックアップして表示します。

リスト4-26 queryと変数を組み合わせる

```
import pandas as pd

csv_df = pd.read_csv('data.csv')
df = pd.DataFrame(data=csv_df, columns=['支店', '期間', '売上'])
mn = df['売上'].mean()
print(df.query('売上 >= @mn'))
```

```
   支店  期間  売上
0  東京  前期  98
1  東京  後期  87
2  大阪  前期  76
```

ここでは、query('売上 >= @mn')というようにフィルター設定をしています。引数の文字列で使われている@mnというのは、変数mnを示す値です。このように「@変数名」と記述することで、変数名を使った式を作成することができます。

queryを使いこなすことで、必要なデータだけをピックアップすることができます。それをファイルなどに保存すれば、他のアプリでそのデータを再利用できるようになります。Pandasによって Excelなどで行っていた集計、分析処理がプログラムだけで一瞬でできるようになりました。Matplotlibなどと組み合わせれば更に強力です。

Column

Word/PDFファイルを読み込む

文書ファイルの定番といえばテキストファイル、Excelに次いでWordとPDFが人気です。これらからテキストを抜き出してみましょう。Word(docx)はテキストファイルやExcelと同程度に使いやすいですが、PDFはこれらに比べるとプログラムから扱いづらいデータの構造をしています。そのため必ずしも望んだように情報が抽出できるとは限らない点に注意して読み進めてください。

WordとPDFを扱うためのライブラリはAnaconda公式には取得できないので、Anaconda Cloud上にあるconda-forgeという有志が提供するパッケージリポジトリを利用します。

Anaconda Prompt(macOSではターミナル上のbash)を起動して次のコマンドを入力、実行します。これらはconda-forgeをAnacondaで利用する設定を行っています。

```
conda config --add channels conda-forge
```

パッケージが見つからない場合はAnaconda Promptで「conda index」もしくはNavigatorのEnvironments画面で「Update index」を実行してください。

まずはWord文書の処理です。Wordは複数の要素(段落、paragraph)からなりたち、プレーンテキストに比べると扱いが難しくなります。そのため、ちょっと文章を抜き出すだけでも記述がこのように複雑なものとなります。詳細はドキュメント*a を参照してください。

リスト4-27 Wordからの取り出し

```
#   サンプルファイルの4-6.docxを利用。サンプルと同じフォルダーに置く。
import docx # python-docxをインストールする

# openなしでファイルが開ける
mydoc = docx.Document('./4-6.docx')
content = []

for paragraph in mydoc.paragraphs:
    content.append(paragraph.text)

print(content)
```

＊a https://python-docx.readthedocs.io/en/latest/

続いてPDFの読み込みを行います。PDFは実はなかなか複雑なファイル形式で文字列を取り出すのも一苦労です。加えてPyPDF2[*b]という使いやすいライブラリは日本語に対応していないため使えず、pdfminerという機能が豊富ですが少々複雑なライブラリを使う必要があります。こちらも詳細はドキュメント[*c]を参照してください。ここではかなり簡単なPDFを例にしていますが、段組みなど複雑なPDFには通用しないこともあります。適宜工夫してください。

リスト4-28 PDFからの取り出し

```
#   サンプルファイルの4-6.pdfを利用
import io # 疑似的にファイルのようなものをつくって処理に用いる

from pdfminer.pdfpage import PDFPage # pdfminer.sixをインストールしておく
from pdfminer.pdfinterp import PDFResourceManager, PDFPageInterpreter
from pdfminer.pdfdevice import PDFDevice
from pdfminer.layout import LAParams
from pdfminer.converter import TextConverter

fake_io = io.BytesIO() # 疑似ファイル

# PDF処理に関する設定をまとめて行う
rsrcmgr = PDFResourceManager()
laparams = LAParams()
device = TextConverter(rsrcmgr, fake_io, codec='utf-8', laparams=laparams)
interpreter = PDFPageInterpreter(rsrcmgr, device)

pdfdoc = open('./4-6.pdf', 'rb')
# PDFを処理していく
for page in PDFPage.get_pages(pdfdoc):
    interpreter.process_page(page)
pdfdoc.close()

text = fake_io.getvalue().decode('utf-8')
fake_io.close()

print(text)
```

もしも、以後Anacondaが書籍と同じように動作しない場合はconda-forgeを次のコマンドで無効にしましょう。

```
conda config --remove channels conda-forge
```

＊b　https://pypi.org/project/PyPDF2/

＊c　https://github.com/pdfminer/pdfminer.six

Column

Jupyter Notebook

Pythonでデータ分析に使う道具として人気があるのがJupyter Notebookです。Pythonを実行して結果を確認するためのノートのような機能を持ったアプリケーションです。ライブラリではなく1つのアプリケーション、あるいはサービスと呼ぶべきもので独立して使えます。Anaconda Navigatorを起動してアプリケーション一覧画面にあるNotebookのLaunchをクリックすると、ブラウザを介して起動します。ローカルでアプリケーションが動作し、それをブラウザで見ているようなものです。

起動後はファイル一覧画面が表示されます。ここから作業したいフォルダーにクリックして移動し、画面右上の「New」→「Python 3」からノートを作成します。これで画面上にノートが表示されます。ノートでは、Pythonプログラムを記入して「Run」ボタンを押すと実行結果を確認できます。これだけだとあまり変わりませんが、コードとノートを分けて記述できたり図版の出力結果をすぐに確認できたりというメリットがあります。

Jupyter Notebookは機能が多いので本書では基本的な紹介に留めました。もしも興味がある人は公式サイト[*a]が参考になるでしょう。

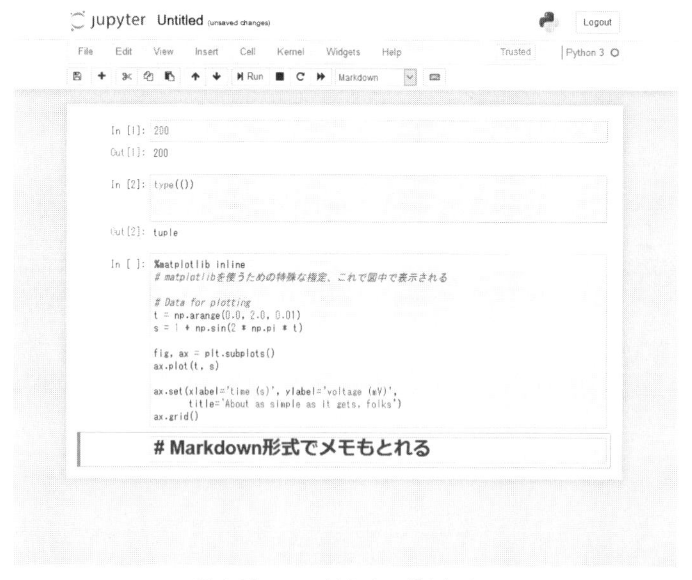

図4-12：コードやメモがとれる。

＊a　https://jupyter.org/

Chapter

5

Webから情報を取得する

Webにアクセスし、必要な情報を取り出す「スクレイピング」。Pythonには優れたライブラリが揃っています。これらの基本的な使い方と、Webで多用されているJSONやXMLといったデータの処理について説明します。

requestでWebサイトのコンテンツを得る

Webサイトにアクセスして必要な情報を取得する、いわゆる「Webスクレイピング」もPythonの得意分野です。いくつかの方法がありますが、Pythonに標準で用意されている「urllib」パッケージの機能だけでも簡単なものは実現できます。

```
from urllib import request # requestのみ利用
```

request.urlopen関数を利用します。urlopenの引数には、アクセスするアドレスを文字列で指定します。実行すると、レスポンスの情報を管理するオブジェクトを返します。このオブジェクトから、メソッドを呼び出して必要な情報を取り出します。withを利用する場合、アクセス終了時のオブジェクト解放について考える必要がありません。

```
with request.urlopen( アドレス ) as response:
        ……responseで処理……
```

アクセスしたアドレスから取得した文字列をまとめて取り出すには、responseの「read」を使います。これでアクセス先から取得した文字列がそのまま得られます。後は、取り出した文字列を必要に応じて処理すればいいのです。

```
response.read()
```

●――Webページのソースコードを表示する

実際にWebページへのアクセスを行ってみます。ここではサンプルとして、筆者の運営するWebサイト「libro」(https://www.tuyano.com/)のページにアクセスし、そのソースコード(HTML)を取り出します。

このサンプルでは、chardetパッケージが必要です。Anaconda Navigatorでは「Environment」で「chardet」を検索しインストールしてください。標準Pythonの場合は「pip install chardet」を実行してください。

リスト5-1 requestによるデータの取得

```
from urllib import request
import chardet

with request.urlopen('https://www.tuyano.com/index2?id=505001') as response:
    body = response.read()
    cs = chardet.detect(body) # 文字コードを取得する
    data = body.decode(cs['encoding'])
    print(data)
```

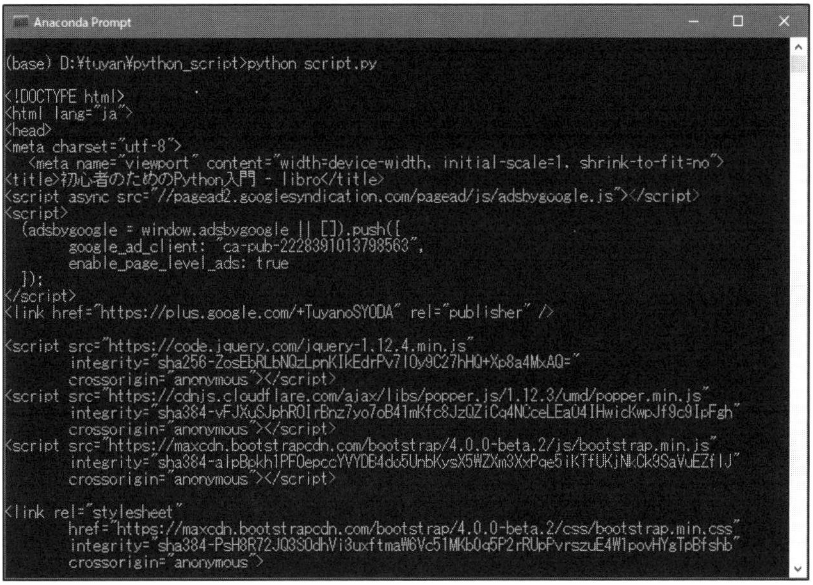

図5-1：実行すると、www.tuyano.comのWebサイトのソースコードを出力する。

日本語を取り扱う場合はChardetというライブラリがあると非常に便利です。readで取り出したデータは、そのままでは標準的なASCIIコード(ISO-8859-1)として認識されています。日本語のWebページはたいていUTF-8やShift-JISなので、そのままでは取り出せません。

chardet.detectは、引数の文字コードなどの情報を検出するものです。これで取得されたオブジェクトの['encoding']というところにエンコーディング名が保管されています。取り出した文字列のdecodeメソッドを呼び出し、['encoding']のエンコード名でデコードすれば、日本語も取り出すことができます。

requestsを利用する

標準ライブラリのrequest(urllib)は、ネットワークアクセスに関する必要十分な機能を提供してくれます。しかし少し使いづらい面もあります。最近は、より使いやすく強力な「requests[*1]」というライブラリが使われています。Pythonの公式ドキュメントにも「より高水準の HTTP クライアントインターフェイスとしては Requests パッケージ がお奨めです」と掲載されている[*2]くらいです。

requestsは標準で組み込まれてはいないので、パッケージをインストールして使います。

Navigatorを起動し、左側のリストから「Environment」をクリックして使用している仮想環境を選択します。そして上部の「Installed」と表示されたボタンをクリックし「All」を選択します。その右側の検索フィールドに「requests」と入力し検索し、見つかったパッケージをチェックして「Apply」ボタンでインストールします。標準Python利用の場合はpip install requestsです。

requestsでWebサイトにアクセスする

requestを使っていたサンプルを、requestsで書き直してみましょう。

リスト5-2 requestsによるデータの取得

```
import requests

result = requests.get('https://www.tuyano.com/index2?id=505001')
print(result.text)
```

requests.getは、HTTPのGETリクエストで指定したアドレスにアクセスする関数です。引数にはアクセスするアドレスを指定します。同様に、POSTリクエストを送るpostもあります。

getで返されるのは、Responseというオブジェクトです。これはアクセスしたサーバーからのレスポンスを管理するクラスのインスタンスで、この中にあるメンバを使ってレスポンス情報を得ることができます。

ここでは、「text」というデータ属性の値を取り出しています。これはサーバーから送信されたテキストを取り出すのに使います。同様のものに「content」というものもあります。こちらは、テキスト以外のもの(バイナリデータなど)も取り出すことができます。また、取得した生のデータをそのまま取り出したい場合は「raw」を使います。

---

*1 sがついています

*2 urllib.request --- URL を開くための拡張可能なライブラリ https://docs.python.org/ja/3.7/library/urllib.request.html より引用

●──クエリーパラメーターを指定する

Webサイトなどでは、アドレスにクエリーパラメーターとして各種の情報を付け足してアクセスすることがあります。クエリーパラメーターをつけた状態のアドレスを文字列として用意することもできますが、requestsではもっとわかりやすい形でアクセスできます。

例として、https://www.tuyano.com/index3?id=511001&page=1というアドレスにアクセスしソースコードを取得するサンプルを挙げておきます。

リスト5-3 クエリーパラメーターを含んだアクセス(取得)

```
import requests # requestsを利用

address = 'https://www.tuyano.com/index3'
prm = {'id':511001, 'page':1}
result = requests.get(address ,params=prm)
print(result.text)
```

ここでは、https://www.tuyano.com/index3というアドレスと、{'id':511001, 'page':1}というパラメーター情報を辞書としてまとめたものを用意しています。このように、パラメーターの情報を辞書にまとめ、getやpost関数を実行する際にparamsという引数に指定することで、それらのパラメーターを指定したアドレスを自動生成してアクセスできます。

●──Webページからリンクアドレスを抽出する

Webスクレイピングは、単に指定のアドレスからデータを取得するだけでなく、その中身を解析し必要な情報だけを抜き出して処理します。例えばHTMLであれば、そこから特定のタグや属性の値だけを取り出すような作業が必要となります。

一例として、指定したアドレスからHTMLを取得し、その中から<a>タグのリンク(href属性)を収集するスクリプトを挙げておきます。ここでは、re.findallを使い、<a>タグのhref属性の値を取り出し表示しています。このようにrequestsと正規表現を組み合わせることで、データから必要な情報だけを抽出できます。単純な取得だけでなく、この抜き出す工程も含めてスクレイピングと呼びます。

リスト5-4 正規表現とスクレイピングを組み合わせる

```
import requests
import re # 正規表現をタグの抜き出しに利用
```

```
result = requests.get('https://www.tuyano.com/')
data = result.text

# 記述はhrefがタグの属性として一番最初に来ることを想定し簡略化
fdata = re.findall(r'<a href="([\w\?/:%#&~\$\.=+\-@]*)"', data)
print('*** link address ***')
for item in fdata:
    print(item)
```

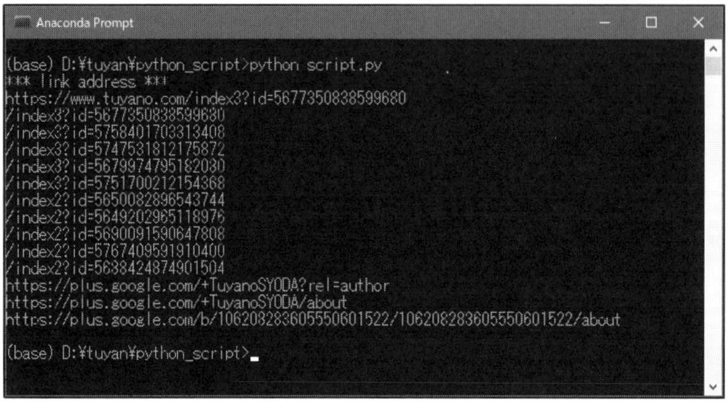

```
Anaconda Prompt
(base) D:¥tuyan¥python_script>python script.py
*** link address ***
https://www.tuyano.com/index3?id=5677350838599680
/index3?id=5677350838599680
/index3?id=5758401703313408
/index3?id=5747531812175872
/index3?id=5679974795182080
/index3?id=5751700212154368
/index2?id=5650082896543744
/index2?id=5649202965118976
/index2?id=5690091590647808
/index2?id=5767409591910400
/index2?id=5638424874901504
https://plus.google.com/+TuyanoSYODA?rel=author
https://plus.google.com/+TuyanoSYODA/about
https://plus.google.com/b/106208283605550601522/106208283605550601522/about

(base) D:¥tuyan¥python_script>
```

図5-2：www.tuyano.comのソースコードから<a>タグのhref属性の値だけを表示する。

●———表示しているイメージファイルをダウンロードする

requestsは、HTMLのような文字列を処理して、画像や動画のバイナリデータもダウンロードできます。ダウンロードしたデータは、そのままopenでファイルをオープンし、バイナリモードでwriteすれば保存することができます。一例として、指定したアドレスの<img>タグにあるsrc属性の値を取り出し、そのイメージをダウンロードするスクリプトを挙げておきます。

リスト5-5 画像のダウンロード

```
import requests
import re

domain = 'https://www.tuyano.com'
resp = requests.get(domain + '/index3?id=511001')
data = resp.text

# 記述はsrcがタグの属性として一番最初に来ることを想定し簡略化
fdata = re.findall(r'<img src\s*=\s*"([^"]+)"', data)
```

```
print('*** image address ***')
n = 1
for item in fdata:
    result = requests.get(domain + item)
    fname = "saved_" + str(n)
    ctype = result.headers['Content-Type'] # ファイルの種類を取得
    if (ctype == "image/jpeg"):
        fname += ".jpg"
    if (ctype == "image/png"):
        fname += ".png"
    if (ctype == "image/gif"):
        fname += ".gif"
    with open(fname, 'wb') as file:
        file.write(result.content)
        print("save file " + fname)
    n += 1
```

実行すると、request.getでHTMLを取得し、そこから正規表現で<img>タグのsrc属性の値を収集します。そしてforを使いすべてのsrcについて処理を行っていきます。forでは取得したアドレスにrequest.getでアクセスし、バイナリデータをダウンロードします。そして、with openで書き込みモードでファイルを開き、writeでダウンロードしたコンテンツを保存します。

今回はファイルの種類によって拡張子を設定する必要があるため、ダウンロードしたバイナリデータのファイルの種類を確認します。result.headers['Content-Type']の値を調べています。Content-Typeヘッダーは、ファイルの種類を表すヘッダー情報です。getで得られるResponseオブジェクトのheadersにまとめられています。

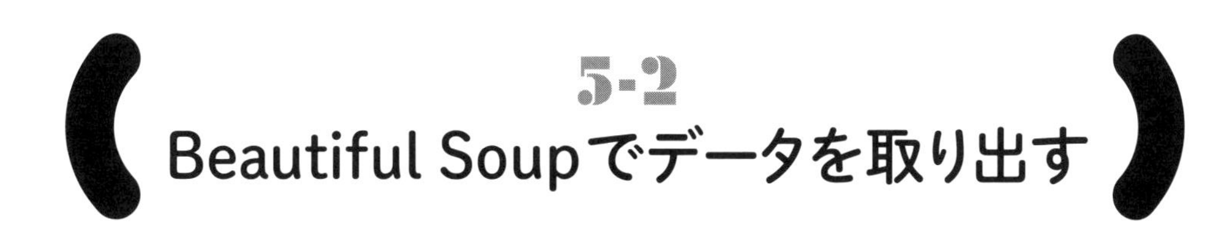

5-2 Beautiful Soupでデータを取り出す

Beautiful Soupの役割

requestsによるスクレイピングでは、HTMLのソースコードをダウンロードし、正規表現で必要な情報を切り出して利用しました。このやり方は、正規表現のパターン次第であり、必要とする情報を的確に抜き出すパターンが用意できないと思わぬところでデータ漏れが発生してしまいます。正規表現だけで完璧に網羅するのは難しい面もあります。また、特定の要素を取り出す場合はともかく、全体のデータを構造的に解析するような場合には向いていません。

こうした場合に用いられるのが「パーサー」と呼ばれるプログラムです。HTMLやXMLなどの構造的に情報を記述したソースコードを解析し、構造そのままにPythonのオブジェクトとして取り出し、操作するものです。ここでは扱いやすいパーサーライブラリの「Beautiful Soup」*3を使います。種々のパーサーをより使いやすくするためのライブラリで、パーサー本体は適宜自由なものを選べます。

●――Beautiful Soupのインストール

Navigatorを起動し、左側のリストから「Environment」をクリックして使用する環境を選択します。上部の「Installed」ボタンをクリックし「All」を選択、検索フィールドに「beautiful」と入力し検索し、「beautifulsoup4」パッケージをチェックして「Apply」ボタンでインストールします。pipならpip install beautifulsoup4です。

●――lxmlパーサーのインストール

Pythonには標準でHTMLのパーサーが用意されていますが、Beautiful Soupではその他のパーサーを利用できます。ここでは、高速な動作で定評のあるlxmlというパーサーを使うことにします。

Anacondaの場合は、Navigatorを起動し、「Environment」に表示を切り替えて「lxml」パッケージを検索し、選択してインストールします。pipならpip install lxmlを実行します。

Column

Pythonライブラリが動かないとき

近年は大分解消されてきていますが、一部のPythonライブラリ(C拡張などと呼ばれるPythonとは別のコンパイルが必要な言語を用いるライブラリ)はpipで動作しないことがまれにあります。Anacondaでは、これらの問題が起こらないのが魅力です。本書ではCコンパイラのダウンロードや設定については解説しません。問題が起きたらAnacondaを使ってください。

●――Webページのタイトルを表示する

Beautiful Soupを利用してHTMLから必要な情報を取得していきましょう。簡単な例として、

＊3　https://www.crummy.com/software/BeautifulSoup/

指定アドレスにアクセスし、そのページのタイトルを表示してみます。

リスト5-6 Beautiful Soupによるスクレイピング

```
import requests
from bs4 import BeautifulSoup # Beautiful Soupを利用する

address = 'https://www.tuyano.com/index2?id=505001'
resp = requests.get(address)
data = resp.text

# BeautifulSoupオブジェクトの作成
soup = BeautifulSoup(data, 'lxml')
print('タイトル: ' + soup.head.title.string)
```

実行すると、アクセスしたWebページのタイトルが「タイトル:初心者のためのPython入門 - libro」と表示されます。アドレスをいろいろと変更して試してみましょう。

Beantiful Soupの利用に際して、レスポンス(Resoponseオブジェクト)を取得した上で文字列を取り出し、BeautifulSoupオブジェクトを作成します。

第1引数には、解析するHTMLやXMLのソースコードの文字列もしくはファイル(openで開く)を指定します。第2引数には使用するパーサーを指定します。ここでは'lxml'を指定しています。Python標準のHTMLパーサーを利用する場合は、'html.parser'と指定します。

```
BeautifulSoup( 対象 [, パーサー] )
```

BeautifulSoupオブジェクトは、HTMLのルート(<html>タグ)を基準に、HTMLをPythonのオブジェクトとして扱うことができます。例えば、ここでは<title>タグをsoup.head.titleというようにして取り出しています。ルート(<html>)の中の<head>内にある<title>をこのように記述して取り出しているのです。

このように、タグ名をドットでつなげていくことで、特定のタグを取り出すことができるのです。例えば、<body>タグ内にある<h1>タグならば、soup.body.h1と記述すれば取り出せます。

ツリー構造を探索する

Beautiful Soupではsoup.head.titleのように、HTML(やXML)のデータをたどっていくことができます。これはHTMLをPythonのオブジェクトとしてツリー状に構築しているためです。この構造を追って、階層を上下して必要なタグにたどり着く操作はよく使います。

こうしたときに必要となるのが、「自分の内部に組み込まれているもの(子ノード)を取り出す」「自分が組み込まれているタグ(親ノード)を取り出す」といった操作です。これらを実現するために子ノードにはchildren、親ノードにはparentを用います。

・子ノードの一覧

```
《タグ》.children
```

・親ノードのTag

```
《タグ》.parent
```

タグとはsoupやsoup.htmlなどのhtmlタグに相当する、Pythonのオブジェクトだと考えてください。childrenには、子ノードのタグの一覧が設定されています。またparentは自身の親の情報が参照できます。

●——<body>内のタグ情報を表示する

実際の利用例として、Webサイトにアクセスし、<body>タグ内にあるタグの情報を表示するサンプルを作成します。

リスト5-7 直下のタグを検索する

```
import requests
from bs4 import BeautifulSoup

address = 'https://www.tuyano.com/index2?id=505001'
resp = requests.get(address)
data = resp.text

soup = BeautifulSoup(data, 'lxml')
# すべての子要素に対する操作なのでfor
for obj in soup.body.children:
    if (obj.name != None):
        try: # エラー対策
            print(obj.name + " class=" + str(obj['class']))
        except KeyError:
            print(obj.name + " *** no-class ***")
# parentを試す場合下記を実行
# soup.html.title.parent
```

実行すると、以下のような形で<body>タグ内にあるタグの名前とclass属性の値をすべて表示します。ここでは、BeautifulSoupオブジェクトを作成し、そこから<body>内にあるタグを取り出し、繰り返し処理しています。

```
div class=['fixed-top']
div class=['sitename']
div class=['sitename2']
div class=['container']
div class=['fixed-bottom', 'tranlate_bar']
script *** no-class ***
script *** no-class ***
script *** no-class ***
```

soup.body.childrenで<body>内のタグをリストにまとめて取り出します。それをforで順に取り出して処理しているのです。なお、ここでは繰り返し内で、obj['class']というようにしてclass属性の値を取り出していますが、これは「クラス名のリスト」として値が得られるので注意してください。class属性は、同時に複数のクラスを指定することもあります。このため、１つの値ではなく、複数のclass属性をリストにまとめた形で値を管理します。ここでは、そのまま文字列として表示していますが、必要があれば繰り返しを使って１つ１つのクラスを取り出して処理することもできるでしょう。

●――処理の流れを整理する

forの繰り返しで処理を行う際、ifを使ってobj.nameの値がNoneでないかチェックをしています。nameはタグの名前です。<a>タグならば"a"がnameの値になります。nameがないタグなどなさそうですが、実は「nameのないタグのようなもの」があるのです。例えば、<!-- -->というコメントです。コメントにはタグ名がありません。コメントは正確にはタグではありませんが、Beautiful Soup上ではノード（ツリー状のデータの一要素）として扱われます。このname値はNoneになり、obj.nameを利用しようとするとエラーになってしまいます。それを予防するため、if (obj.name != None): とチェックをしているのです。

```
# 上述のサンプルに組み合わせるとNoneが確認できる
for obj in soup.html.body.children:
    print(obj)
```

print文でnameとclass属性の値を表示しています。ただし、場合によってはclass属性が用意されていないタグもあるでしょう。この場合、キーを指定して取り出そうとすると、辞書にないキーを指定した際に発生するKeyError例外が発生するので注意しましょう。ここではtryで例外処理を行うようにしてあります。

<body>の全タグをチェックする

childrenは直下のタグしか抜き出せません。階層的なタグ構造を総当たりで調べていきたい場合は再帰関数を定義して調べるのがいいでしょう。各タグに対して簡単なサンプルとして、<body>内にある全タグを出力する例を挙げておきます。

リスト5-8 すべてのタグをチェックする

```
import requests
from bs4 import BeautifulSoup

address = 'https://www.tuyano.com/index2?id=505001'
resp = requests.get(address)
data = resp.text

soup = BeautifulSoup(data, 'lxml')

def checkChildren(tag, n):
    try:
        for obj in tag.children:
            if obj.name != None:
                try:
                    print(('-' * n) + '<' + obj.name + ' class=' +
                        str(obj['class']) + '>')
                except KeyError:
                    print(('-' * n) + '<' + obj.name + '>')
            checkChildren(obj, n + 1) # 再帰、1つ深い階層に入って調べる
    except AttributeError:
        pass

checkChildren(soup.body, 0)
```

ここでは、タグの前に半角マイナス記号をつけて、そのタグの階層がわかるようにしてあります。またタグにclass属性があればその内容を合わせて出力しています。例として、以下のように出力されます。

```
<div class=['fixed-top']>
-<nav class=['navbar', 'navbar-expand-lg', 'navbar-light', 'bg-light']>
--<a class=['navbar-brand']>
--<button class=['navbar-toggler']>
---<span class=['navbar-toggler-icon']>
--<div class=['collapse', 'navbar-collapse']>
---<ul class=['navbar-nav', 'mr-auto']>
----<li class=['nav-item', 'active']>
```

```
-----<a class=['nav-link']>
……略……
```

ここでは、checkChildrenという関数を定義しています。これは引数が2つ用意されています。第1引数がチェックするTagインスタンス、第2引数がそのTagの階層を示す整数です。

この関数の仕組みを簡単に説明するなら、以下のようになります。

```
def checkChildren(tag, n):
    for obj in tag.children:
        ……処理……
        checkChildren(obj, n + 1)
```

forの繰り返しを使い、引数で渡されたtagのchildrenについて1つ1つ処理を行っていきます。そして一通りの処理が終わったら、処理したTagについてcheckChildrenを呼び出します。このとき、階層を示す整数nは1増やしておきます。これで、checkChildrenの引数に渡されたTagインスタンスの子ノードについて再びcheckChildrenが呼び出されます。もし子ノードがなければ、try内で処理を実行しているので、childrenを呼んだ段階でexcept AttributeError:にジャンプしそのまま関数を抜けます。

このように再帰的に処理を呼び出していくことで、階層構造の中を探索していくことができるようになります。

特定のタグを抽出する

階層を順に探索するのでなく、全体の中から特定の要素だけを抽出し処理したい場合もあるでしょう。このような場合には、「find_all」というメソッドが役立ちます。

・タグ名で検索する

```
《BeautifulSoup》.find_all( タグ )
```

タグの構造を追って必要なオブジェクトを取り出していくには、どのタグがどこに組み込まれているか知らなければいけません。しかし、find_allを使えば、ドキュメント内にある特定のタグをすべてまとめて取り出すことができます。たとえば、find_all("p") とすれば、<p>タグのオブジェクトをリストとしてまとめて取り出せます。

Tagクラス

パースされたタグは、それぞれ「Tag」というクラスのインスタンスとしてBeautifulSoup内に組み込まれています。ここまでは特に区別せずタグと表記してきました。

Tagには、いくつかのデータ属性が用意されています。タグ名は、先にも触れた「name」という値として用意されています。例えば、<p>タグのTagインスタンスならば、nameの値は"p"となっています。タグの属性は、Tagインスタンスそのものを辞書のように扱うことで取り出せます。

```
hogeというオブジェクトにあるid属性の値
↓
hoge["id"]
```

このように、[]で属性の名前を指定すれば値を取り出せます。また、開始タグと終了タグの間にテキストを記述するタイプのものでは、「get_text」という引数なしのメソッドでそのテキスト(文字列)を取り出すことができます。hogeオブジェクトのテキストならば、こうなります。

```
hoge.get_text()
```

ただし、当たり前ですが、テキストを含まないタイプのタグ(
や<hr>など)については値は得られません。このときエラーになるわけではないので注意しましょう。

<a>タグのリンク情報を出力する

タグの情報を取り出すサンプルを作成します。Webサイトにアクセスし、そのページにある<a>タグのリンク先アドレス(href属性)を出力してみます。実行すると、addressで指定したWebページのHTMLをダウンロードし、そこにある<a>タグのhref属性の値をすべて出力します。

リスト5-9 aタグを繰り返し処理して情報を取り出す

```
import requests
from bs4 import BeautifulSoup

address = 'https://www.tuyano.com/index2?id=505001'
resp = requests.get(address)
data = resp.text

soup = BeautifulSoup(data, 'lxml')
for link in soup.find_all('a'):
    try:
        print(link['href'])
    except KeyError:
```

```
        print('*** no href ***')
```

ここではBeautifulSoupインスタンスを作成した後、soup.find_all(タグ)で全<a>タグのTagインスタンスを取り出して処理しています。find_all('a')でページにある全ての<a>タグのTagインスタンスが得られます。ここから順に値をlinkに取り出し処理すればいいのです。正規表現だけを使ったときと比べて、表記の些細な違いによる取り残しの可能性が少なく、コードが意図するところもわかりやすいというメリットがあります。

```
for link in soup.find_all('a'):
    ……linkを処理する……
```

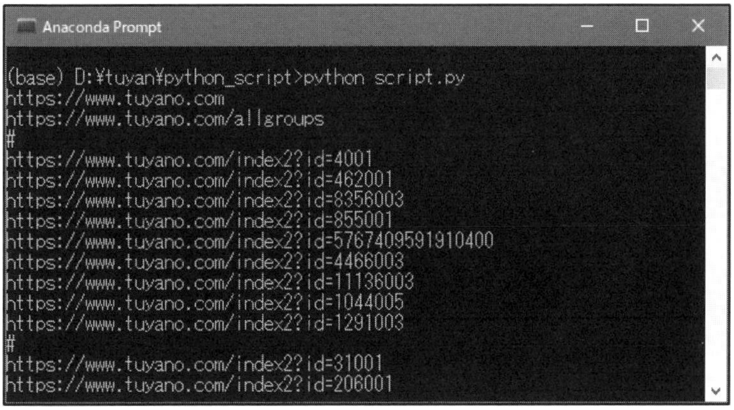

```
Anaconda Prompt
(base) D:¥tuyan¥python_script>python script.py
https://www.tuyano.com
https://www.tuyano.com/allgroups
#
https://www.tuyano.com/index2?id=4001
https://www.tuyano.com/index2?id=462001
https://www.tuyano.com/index2?id=8356003
https://www.tuyano.com/index2?id=855001
https://www.tuyano.com/index2?id=5767409591910400
https://www.tuyano.com/index2?id=4466003
https://www.tuyano.com/index2?id=11136003
https://www.tuyano.com/index2?id=1044005
https://www.tuyano.com/index2?id=1291003
#
https://www.tuyano.com/index2?id=31001
https://www.tuyano.com/index2?id=206001
```

図5-3：アクセスしたページにある<a>タグのhref属性の値をすべて書き出す。

さまざまな検索方法を試す

find_allメソッドは、単純にタグ名を指定して検索するだけのものではありません。もっと幅広い使い方が利用できます。

・正規表現で検索する(reモジュールが必須)

```
《BeautifulSoup》.find_all(re.compile( パターン ))
```

引数に正規表現オブジェクトを指定します。一般的にはre.compileを使い、正規表現オブジェクトを生成して利用します。

・リストで検索する

```
《BeautifulSoup》.find_all( リスト )
```

検索対象にタグ名のリストを用意します。リストに用意されたタグをすべて検索します。

・名前付き引数の指定

```
《BeautifulSoup》.find_all( 属性名=値 )
```

引数に、タグの属性名と値を指定することで、その属性によるフィルター処理を指定できます。例えば、class="a"と引数に指定すれば、class属性が"a"のものを取り出せます。

・コンテンツを検索

```
《BeautifulSoup》.find_all( text= テキスト )
```

タグにコンテンツとしてテキストが用意されている場合、コンテンツのテキストを検索することもできます。例えば、<p>○○</p>とあった場合、○○の部分がコンテンツです。text引数を使うと、この部分が検索されます。

●――正規表現でコンテンツを検索する

正規表現による検索の例として、<h1>～<h6>のテキストと、「Python」という文字列を含むテキストをすべて抜き出して表示する処理を作成します。

リスト5-10 正規表現とfind_allを組み合わせる

```
import re
import requests
from bs4 import BeautifulSoup

address = 'https://www.tuyano.com/index2?id=505001'
resp = requests.get(address)
data = resp.text

soup = BeautifulSoup(data, 'lxml')

for obj in soup.find_all(re.compile("^h[1-6]")):
    print(obj.name + ': ' + obj.string)
```

```
for obj in soup.find_all(text=re.compile("Python")):
    print(obj.parent.name + ': ' + obj)
```

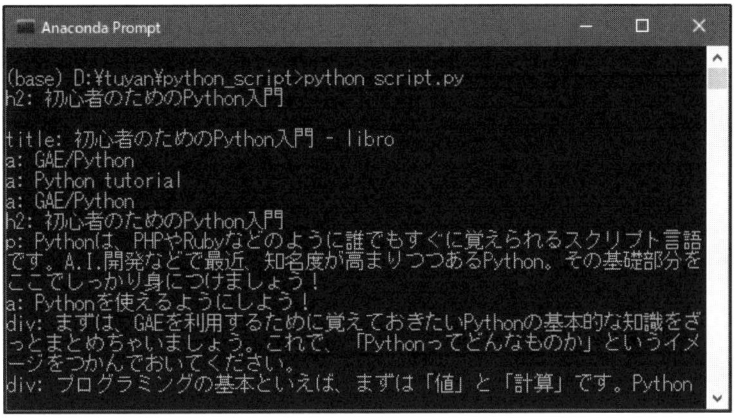

```
Anaconda Prompt

(base) D:¥tuyan¥python_script>python script.py
h2: 初心者のためのPython入門

title: 初心者のためのPython入門 - libro
a: GAE/Python
a: Python tutorial
a: GAE/Python
h2: 初心者のためのPython入門
p: Pythonは、PHPやRubyなどのように誰でもすぐに覚えられるスクリプト言語
です。A.I.開発などで最近、知名度が高まりつつあるPython。その基礎部分を
ここでしっかり身につけましょう！
a: Pythonを使えるようにしよう！
div: まずは、GAEを利用するために覚えておきたいPythonの基本的な知識をざ
っとまとめちゃいましょう。これで、「Pythonってどんなものか」というイメ
ージをつかんでおいてください。
div: プログラミングの基本といえば、まずは「値」と「計算」です。Python
```

図5-4：<h1>～<h6>のテキストと「Python」という文字列を含むテキストをすべて表示する。

2つのforで、soupから必要なタグを検索して取り出しています。まず、1つ目のforでは、<h1>～<h6>のタグを取り出しています。re.compileを使い、正規表現で「"h" + 1~6の整数」という名前のタグを取り出しています。そしてタグ名とともに、タグに設定されているコンテンツを表示しています。タグのコンテツは、stringというメンバとして用意されています。

```
soup.find_all(re.compile("^h[1-6]"))
```

2つ目のforでは、"Python"を含む文字列を検索しています。textという名前付き引数を指定することで、タグの中身(コンテンツ)を検索できます。ここでは正規表現を使い、Pythonを含むコンテンツを取り出しています。

```
soup.find_all(text=re.compile("Python")):
```

find_allメソッドのtext引数を使って取り出されるのは、タグではなく、タグに設定されたコンテンツです。これはTagクラスのインスタンス(Tagオブジェクト)ではなく、「NavigableString」というクラスのインスタンスとして取り出されます。NavigableStringは、Tagとは異なるクラスですが、Tagと同様にタグのツリー構造の中に組み込まれています。取得したNavigableStringインスタンスは、そのままprintすればコンテンツのテキストが表示されます。

また、今回のサンプルでは、obj.parent.nameという形で、コンテンツ(NavigableString)が組み込まれているタグの名前を表示しています。コンテンツというのは必ず何かのタグの中に組み

込まれています。parentで、そのコンテンツが組み込まれているタグを取り出せます。

CSSセレクタで検索する

タグのオブジェクトを取り出すとき、「CSSセレクタ」を多用します。CSSセレクタは、スタイルシートでスタイルが適用される対象を指定するのに使われる書き方です。例えば、「ul li」とすれば、「<ul>タグ内の<li>タグ」を指定することができますし、「p.a」とすれば「<a class="a">」といったタグが指定できます。

CSSセレクタはBeautifulSoupでも利用できます。selectメソッドを使います。

・selectメソッド

```
《BeautifulSoup》.select( CSSセレクタ )
```

引数に、CSSセレクタを使って検索対象を指定するテキストを用意します。これにより、CSSセレクタに合致する要素のTagインスタンスがリストにまとめられて返されます。

●―――特定クラス内のリンクを集める

実際の利用例として、特定のリンク(入門記事へのリンク)を集めるスクリプトを作成してみます。https://www.tuyano.com/allgroupsにアクセスし、<p class="group_name">タグ内にある<a>タグのコンテンツを集めて表示する、という処理を行います。

リスト5-11 CSSセレクタで要素を取得する

```
import requests
from bs4 import BeautifulSoup

address = 'https://www.tuyano.com/allgroups'
resp = requests.get(address)
data = resp.text

soup = BeautifulSoup(data, 'lxml')

for obj in soup.select('p.group_name a'):
    if obj.name != None:
        if obj.string != None:
            print(obj.string)
```

実行すると、https://www.tuyano.com/allgroupsに表示されているリンクをまとめて以下のような形で出力します。

```
Android開発ビギナーのためのJava超入門
App InventorによるAndroid開発入門
Google androidプログラミング入門
……以下略……
```

このWebページでは、入門記事へのリンクは以下のような形のタグとして用意されています。classに"group_name"が指定されている<p>タグがあり、その中に<a>タグでリンク先を用意してあります。ここでの、soup.select('p.group_name a') というメソッドで、この<a>タグのTagが集められていた、というわけです。

```
<p class="lead group_name"><a href="/index2?id=xxx">……コンテンツ……</a></p>
```

Column

スクレイピングの危険性

スクレイピングはWebサイトから情報を取得する行為です。そのため、相手のWebサーバーにある程度処理の負荷がかかります。相手のWebサイト(ページ)へのアクセスは最大でも1秒に1回程度にとどめて、過度な負荷を与えないなど注意してプログラムする必要があります。

過度なWebサイトへのアクセスはサービスからのBAN(排除)につながることもあります。たとえば、Google検索はスクレイピングでの利用を想定しておらず、スクレイピングを目的としたプログラムからのアクセスを繰り返すと一定期間利用不可になります。また会員制情報サイトなど、スクレイピングを禁止しているWebサービスもあります。

Webサイトへのアクセス、すなわちrequestsなどによるリクエストを同時に同一サイトに送信しないようにするなど工夫しましょう。ダウンロードするコードと分析するコードを別々のPythonプログラムにして、分析をするときは「分析するコード」だけ実行しつつ試すといった対策が有効です。利用規約があるサイトでは利用規約を読むのも大事です。

5-3 JSON/XMLの活用

JSONを使う

Webサイトで公開されているデータには、HTML以外にもさまざまな形式のものがあります。中でも特に多用されているのが、「JSON」でしょう。

JSONは「JavaScript Object Notation」の略で、軽量のデータ交換用フォーマットとして用いられているものです。名前の通りJavaScriptのオブジェクト記法を参考に作成された記法です。構造的なデータをWebで配布するために広く使われます。JSONのデータの扱い方を知っておくことは、Webスクレイピングを行う上で非常に重要です。

PythonでJSONを扱うには、「json」という標準ライブラリを利用します。

```
import json
```

JSONを利用するのに必要な機能は、実は2つだけです。「JSONからPythonで扱いやすいデータに変換する機能」と「PythonのデータをJSON形式に変換する機能」です。Pythonのオブジェクトに変換できれば、後は好きなように処理できるでしょう。

・JSONをPythonオブジェクトに変換する

```
json.load( ファイル )
json.loads( テキスト )
```

JSONのファイルやテキストを読み込み、Pythonのオブジェクトに変換するものです。loadでは、ファイル(fileオブジェクト)を引数に指定すると、そのファイルのデータを読み込みPythonオブジェクトに変換して返します。loadsは、引数にJSONデータの文字列を指定すると、それをPythonオブジェクトに変換して返します。

どちらの関数も、この他に各種の設定を行うための引数を持っていますが、ファイルや文字列を引数に指定して実行する方法さえ知っていれば基本的な変換は行えるでしょう。

・PythonオブジェクトをJSONに変換する

```
json.dump( 値 )
json.dumps( 値 )
```

Pythonのオブジェクトを JSON 形式の文字列に変換するためのものです。引数には、Python のオブジェクトが指定されます。これは、リストや辞書を使ってデータをまとめたものです。

dumpは、値を変換してfile-likeオブジェクト(fileオブジェクトと同等のもの)に変換して返します。dumpsは値を変換し、JSONの文字列として返します。

これらの関数には、他にも多数の引数が用意されていますが、それらは一般的なJSONを使う際には必要となることはあまりないでしょう。UTF-8で保存されたファイルや文字列によるJSONを扱う限り、ここに挙げた「引数が1つあるだけ」の形で十分利用できます。

●――サンプルのJSONを用意する

実際にJSONを利用する処理を作成してみます。ここでは、サンプルとして用意したRESTサービスのサイトを使ってJSONを処理することにします。用意したサイトのアドレスは以下になります。

- https://tuya-no.firebaseio.com/mydata.json

このアドレスにアクセスすると、以下のような形式のJSONが送られてきます。name, mail, tel といった項目からなる簡単なデータベースのデータと考えてください。

リスト5-12 JSONの出力例

```
{
 "0": {
    "mail" : "syoda@tuyano.com",
    "name" : "tuyano",
    "tel" : "999-999"
  },
  "1": {
    "mail" : "hanako@flower",
    "name" : "hanako",
    "tel" : "888-888"
  },
  ……以下略……
]
```

データは、"0", "1"……といったインデックス番号のプロパティ内にオブジェクトとしてまとめて設定されています。このサイトのJSONデータを利用して処理を行います。

RESTからJSONを取得

サンプルとして、REST＊4サイトにGETアクセスし、JSONを取得して表示するスクリプトを考えてみます。

リスト5-13 WebサイトのJSONを処理する

```
import requests
import json # jsonを利用する

address = 'https://tuya-no.firebaseio.com/mydata.json'
resp = requests.get(address)

# JSONの取得、そのまま見たければprint(address_info)
address_info = json.loads(resp.text)

for key in address_info:
    data = address_info[key]
    print("*** " + data['name'] + " ***")
    print("mail: " + data['mail'])
    print("tel : " + data['tel'])
    print()
```

実行すると、サイトにアクセスしJSONを取得し、内容を整理し出力します。

```
*** tuyano ***
mail: syoda@tuyano.com
tel : 999-999

*** hanako ***
mail: hanako@flower
tel : 888-888

……以下略……
```

サンプルとして用意したRESTサイトでは、name, mail, telといったプロパティを持つオブジェクトを配列にまとめた形でデータが用意されています。ここでは、requests.getを使ってサイトからデータを取得し、それをjson.loadsでPythonオブジェクトに変換しています。

変換されたaddress_infoは、name, mail, telといった項目を持つ辞書オブジェクトを、更にID

＊4 Web APIの設計手法の1つ。ここではかなり簡易な例にしています。

をキーとして辞書にまとめたものになっています。ここから繰り返しを使って辞書オブジェクトを取り出し、必要な値を出力しているのです。

このように、JSONデータの利用は、単にjson.loadsでPythonオブジェクトに変換するだけでなく、そのデータの構造に従って値を取り出していく、という作業が不可欠です。JSONデータを利用する際には、まずそのデータの構造をよくチェックして処理を考えるべきでしょう。

RESTにパラメーターを渡してアクセス

このサンプルサイトでは、特定のデータだけを取り出すこともできます。以下のような形でアクセスします。

- https://tuya-no.firebaseio.com/mydata/[番号].json

例えば、末尾を「0.json」とすれば、ゼロ番のデータが取り出されます。RESTのサイトなどでは、何らかの形でパラメーターの情報をURLにつけてアクセスすることで、特定の情報を取得できるようになっていることが多いものです。こうしたサイトで、パラメータを付けてアクセスする例を考えてみましょう。

リスト5-14 クエリーパラメーターとJSON処理の組み合わせ

```
import requests
import json

n = input("id number:")
address = 'https://tuya-no.firebaseio.com/mydata/{}.json'
f_address = address.format(n)
resp = requests.get(f_address)

address_info = json.loads(resp.text)

if address_info != None:
    print("*** " + address_info['name'] + " ***")
    print("mail: " + address_info['mail'])
    print("tel : " + address_info['tel'])
```

実行すると、「id number:」と番号を入力する表示が現れます。ここで、0～4の範囲の整数を入力すると、そのデータだけが表示されます。例えば「1」と入力すれば、以下のように表示されます。

```
*** hanako ***
mail: hanako@flower
tel : 888-888
```

●――処理の流れを整理する

スクリプトのポイントを整理しておきましょう。ここでは、アクセスするアドレスを以下のような形で変数に取り出しています。

```
address = 'https://tuya-no.firebaseio.com/mydata/{}.json'
```

最後の部分が「{}.json」となっています。この{}は置換フィールドと呼ばれるもので、後から値を挿入する場所を示します。{}を含むテキストは、formatメソッドを呼び出すことで、その部分に値を組み込むことができます。これで、{}部分に変数nの値が組み込まれました。後は、addressを使ってrequests.getするだけです。

```
f_address = address.format(n)
```

データをJSON形式にして送信

JSONを受け取り処理するのはこれでわかりました。データをJSON形式にしてサイトに送信するような場合はどうするのでしょうか。Pythonのデータ（辞書）をjsonモジュールでJSONにし、そこからrequestsのPUTやPOSTのためのメソッドを使って実現します。

```
requests.post( アドレス , パラメータ )
requests.put( アドレス , パラメータ )
```

第1引数にはアドレスを、第2引数にはパラメータとして渡す値を指定します。サンプルとして用意したRESTサイトの場合、ここに保存するデータをJSON形式の文字列として渡すと、それが送られ保存されます。

サンプルのRESTサイトにデータを送信する例を考えましょう。

リスト5-15 辞書をJSONに変換し、PUTメソッドでのリクエストに用いる

```
import requests
import json
```

```
name = input('name: ')
mail = input('mail: ')
tel = input('tel:  ')

data = {
    'name':name,
    'mail':mail,
    'tel':tel
}

address = 'https://tuya-no.firebaseio.com/mydata/sample.json'
requests.put(address, json.dumps(data))
print('posted.')
```

実行すると、「name:」「mail:」「tel:」と各値をそれぞれ尋ねてきます。name, mail, telの値をinputで入力した後、それらを辞書にまとめ変数dataに代入しています。これを、requests.putでRESTサイトに送信しています。putの第2引数には、json.dumps(data) というようにパラメータを指定してあります。json.dumpsを使い、用意した辞書dataをJSONデータのテキストに変換してputに渡していたのです。これでデータをサイトに送ることができます。

なお、今回の例では実行してもサンプルサイトのデータは書き換わりません。あくまでも送付の例として紹介しました。

XMLをDOMとして扱う

Webの世界で、JSONに次いで用いられるのが「XML」です。XMLは、Web APIとしても使われることがありますが、どちらかというと構造的なデータを公開するのに用いられています。XMLの利用例のうち一般によく知られているものには「RSS」などがあります。

XMLを利用する場合、この章で用いたBeautiful Soupも使えますが、Pythonの標準ライブラリにいくつかのモジュールが用意されています。ここでは、XMLをパースし、DOM(Document Object Model)として扱うxml.domを利用します。xml.domには、シンプルな実装のminidomと、フルパーサーのfulldomがあります。ここでは必要最小限の機能を実装するminidomを利用してみます。minidomを利用するには、importでモジュールを読み込んでおきます。

```
import xml.dom.minidom
```

これで、DOM内からminidomの関数を呼び出し利用できるようになります。以下の関数を呼び出して、XMLからDOMオブジェクトを生成します。

・XMLファイルを読み込む

```
xml.dom.minidom.parse( ファイルパス )
```

・XMLの文字列をパースする

```
xml.dom.minidom.parseString( 文字列 )
```

これらの関数で作成されるのは、Documentクラスのインスタンスです。以下、Document内のオブジェクトやメソッドに関しては、W3Cの勧告「Document Object Model (DOM) Level 1 Specification*5」の仕様に沿って作成されています。

●――XMLの用意

実際に、Webサイトにアクセスして XMLをダウンロードし、それをパースして処理してみましょう。ここでは、サンプルデータとして、以下で公開している XMLを利用します。

- https://firebasestorage.googleapis.com/v0/b/tuya-no.appspot.com/o/data.xml?alt=media

ここで公開している XMLは、以下のような内容になっています。

リスト5-16 XMLの内容の一部

```
<?xml version="1.0" encoding="UTF-8"?>
<root>
    <items>
        <item>
            <name>tuyano</name>
            <mail>syoda@tuyano.com</mail>
            <tel>999-999</tel>
        </item>

        ……以下、<item>を記述……

    </items>
</root>
```

root内にitemsがあり、その中にitemとして個々のデータが保管されています。item内にはname, mail, telといった項目が用意されています。基本的なデータ構造は、先ほどのJSONデータとほぼ同じです。

＊5 https://www.w3.org/TR/REC-DOM-Level-1/

XMLをパース処理する

実際にサイトにアクセスし、XMLをダウンロードして、その中に記述されているデータを取り出し処理する例を考えましょう。

リスト5-17 XMLを処理する

```
import requests
import xml.dom.minidom as DOM # 長いのでDOMの別名を与える

address = 'https://firebasestorage.googleapis.com/v0/b/tuya-no.appspot.com↵
/o/data.xml?alt=media'
resp = requests.get(address)

dom = DOM.parseString(resp.text) # XMLを扱いやすいDocumentオブジェクトに

# itemタグのデータを取り出す
items = dom.getElementsByTagName('item')

for item in items:
    print('*** ' + item.getElementsByTagName('name')[0]\
          .childNodes[0].data + ' ***') # itemのnameタグの初めの要素
     print('mail:' + item.getElementsByTagName('mail')[0]\
          .childNodes[0].data) # 同じくmail
    print('tel: ' + item.getElementsByTagName('tel')[0]\
          .childNodes[0].data) # 同じくtel
    print()
```

XMLをダウンロードし、中のデータを以下のような形式で出力していきます。

```
*** tuyano ***
mail:syoda@tuyano.com
tel: 999-999

……以下略……
```

要素の取得に使ったgetElementsByTagNameメソッドは、引数に指定した名前のタグをすべて取得するものです。getElementsByTagNameはElement内にあるならば、直下の要素(子)に限らず、更に階層の深いところにあったとしても取り出せます。Documentから呼び出せば、XML全体の中から指定したタグのElementをすべて取り出します。

getElementsByTagNameメソッドの戻り値は、Elementオブジェクトのリスト*6です。

繰り返し内で、nameの値を取り出し表示している部分を見てみましょう。getElementsByTagName('name')で、nameタグのElementを取り出します。戻り値は配列なので、その最初の要素を取り出し利用します。このElement内にあるコンテンツ(<name>〜</name>の間に書かれているテキスト部分)は、Elementの子ノードという扱いになります。childNodesで取得できます。得られるのは、Textオブジェクトです。Textオブジェクトのdataに、コンテンツのテキストがあります。

指定のデータだけを取り出す

XMLから、特定のデータだけをピックアップして取り出したい場合もあります。例えば、特定の名前のitemデータを取り出したいといったことはあるでしょう。

minidomには、Elementを検索する機能は用意されていません。getElementsByTagNameでタグ名を指定して取り出すだけです。したがって、検索したいタグをgetElementsByTagNameでまとめて取り出し、繰り返しでその値をチェックして対象となる項目を探します。

実際の利用例として、ユーザーが入力したnameのitemデータを検索する例を考えます。

リスト5-18 XMLを繰り返しを駆使して処理する

```
import re
import requests
import xml.dom.minidom as DOM

address = 'https://firebasestorage.googleapis.com/v0/b/tuya-no.appspot.com ↵
/o/data.xml?alt=media'
resp = requests.get(address)

dom = DOM.parseString(resp.text)

input_name = input('input name: ')

names = dom.getElementsByTagName('name')

for item in names:
    if (re.match(input_name, item.childNodes[0].data)):
        data = item.parentNode
        print('name: ' + data.getElementsByTagName('name')[0]\
            .childNodes[0].data)
        print('mail: ' + data.getElementsByTagName('mail')[0]\
```

＊6 Pythonのリストではなくxml.dom.minicompat.Nodelistという独自のリスト

```
            .childNodes[0].data)
        print('tel: ' + data.getElementsByTagName('tel')[0]\
            .childNodes[0].data)
```

実行すると、「input name:」と表示され入力待ちの状態になります。ここで調べたい名前を記入し送信すると、nameがその名前で始まる<item>を検索し、その内容を表示します。例えば、以下のように具合です。

```
input name: hana

name: hanako
mail: hanako@flower
tel: 888-888
```

「hana」と入力すると、データからhanakoというnameを検索し、その<item>内の項目(name, mail, tel)を表示しています。

ここでは、XMLを作成したら、dom.getElementsByTagName('name')というようにしてnameタグのElementだけをまとめて取り出しています。そして繰り返しを使い、これらのElementから入力した値をnameに含むものを探していきます。XMLはHTMLと同じような構造化された文書なので、比較的シンプルに処理できます。

XMLはWeb以外の分野でも多数使われているため、一通り処理を覚えておくと作業の自動化に役立つでしょう。

Column

JavaScriptを多用するサイト

ここまで紹介したスクレイピング手法には問題点があります。実はこれらのライブラリは一部のJavaScriptを多用するサイトが利用できません。シングルページアプリケーションなどと呼ばれる、基本的な情報の表示にもJavaScriptが必須のサイトが近年増えていますが、Beautiful Soupやrequestは JavaScriptを実行できないためこれらのサイトを処理できません。

こういったケースに対応するPythonのライブラリとしてはGoogle Chromeを自動操作するPyppeteer[*a]やSelenium[*b]、同じような機能を持つRequests-HTML[*c]が知られています。いずれもAnaconda標準では使えませんが、conda-forge(4章のコラム「Word/PDFファイルを読み込む」参照)でPyppeteerとSeleniumは導入できます。Pyppeteerを入れて使ってみましょう。

初回実行時はChromiumブラウザ(Google Chromeのオープンソース版)のインストールなどがあり、少し実行までに時間がかかります。

```
# 今までの手順を参考にpyppeteerを導入する
from pyppeteer import launch
import asyncio # 非同期な実行に必要

async def main():
    browser = await launch() # ブラウザを起動
    page = await browser.newPage() # 新規ページを開く
    await page.goto('https://gihyo.jp') # gihyo.jpを開く
    # ページのスクリーンショットを作成する
    await page.screenshot({'path': 'example.png'})
    await browser.close() # ブラウザの終了

asyncio.get_event_loop().run_until_complete(main())
```

上記はブラウザでWebページを表示し、スクリーンショットを取るものです。かなり簡単な手順でブラウザを自動操作できます。詳細はドキュメントURLを参照してください。

＊a https://github.com/miyakogi/pyppeteer
＊b https://www.seleniumhq.org/
＊c https://html.python-requests.org/

Chapter 6

Webアプリケーションを動かす

PythonはWebアプリケーションの開発も得意です。標準ライブラリのhttp.server、軽量なFlask、フルスタックのDjangoが有名です。この章では、標準で用意されるhttp.serverと、Flask、そしてFlaskで利用するJinja2テンプレートの使い方について説明します。

6-1 http.serverによるサーバープログラム

http.serverのサーバー機能

Pythonの場合、標準ライブラリにWebサーバープログラムに関する「http.server」モジュールが用意されています。これを使うと特に何もインストールせずとも、簡単にWebサーバープログラムを作成できます。ただし、これを実際に多くのユーザーに利用される本格的な環境で使うのは、基本的な機能しか搭載していないので難しい点もあります。すぐにでも実際のアプリケーションで活用したければFlaskについて学んでください。http.serverは使い始めるまで準備が少なく済み、ちょっとした実験用やごく小規模な利用者向けにWebアプリケーションを作るのであれば重宝します。本書でもWebアプリケーションの基礎が比較的簡単に学べるため、http.serverをまずは用います。

Webサーバーを作って動かす

実際にhttp.serverを使ってWebサーバーを動かしてみます。まず、適当な場所にフォルダを用意します。http.serverに用意されているもっともシンプルなサーバー機能を利用する場合、実行するプログラムがあるフォルダ内のファイルを自動的に認識し利用できるようにします。このため、サーバー関係のファイルは1つのフォルダにまとめておく必要があります。

フォルダを用意したら、その中に次のPythonのスクリプトファイル(main.pyなど適当名前をつけてください)を用意します。

リスト6-1 Webサーバーを立ち上げる簡単なコード

```
from http.server import SimpleHTTPRequestHandler, HTTPServer

HTTPServer(('',8000), SimpleHTTPRequestHandler).serve_forever()
```

これが、今回のサーバープログラムです。import文が1行、実行する処理が1行だけの非常にシンプルなものです。サンプルとして表示するWebページも用意しておきましょう。フォルダ内に、「index.html」という名前でファイルを用意します。そして以下のように簡単なWebページを記述しておきます。

リスト6-2 表示確認用のhtml（index.html）

```
<html>
<head>
    <meta charset='utf-8'>
    <title>Index</title>
</head>
<body>
    <h1>Index</h1>
    <p>This is sample page.</p>
</body>
</html>
```

記述できたら、Anaconda Promptまたはターミナルを起動し、HTMLとPythonファイルを用意したフォルダ内にカレントディレクトリを移動してから、Pythonコマンドでスクリプトを実行します（python main.py）。そしてWebブラウザから、http://localhost:8000 にアクセスしてみましょう。index.htmlに記述したWebページがブラウザに表示されます。

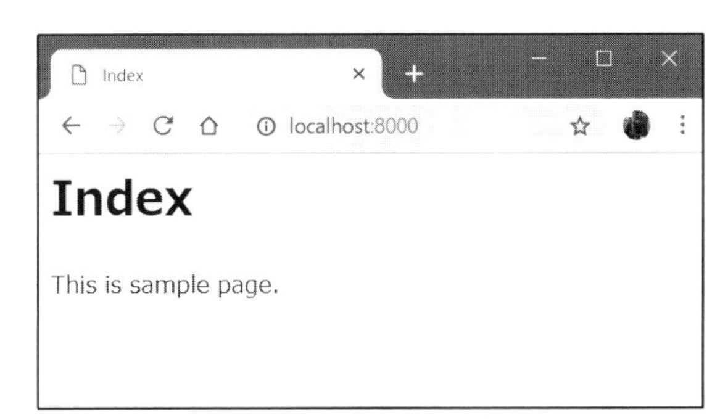

図6-1：http://localhost:8000にアクセスすると、index.htmlの表示が現れる。

実行を中止するにはコマンドプロンプトやターミナルでCtrl + Cを押します。再度「python ファイル名」でファイルを実行できます。

●――http.serverの働き

今回作成したスクリプトでは、HTTPServerというクラスのインスタンスを作成し、実行しています。これは以下のように行っています。

```
HTTPServer( アドレスとポート番号, リクエストハンドラ ).serve_forever()
```

インスタンスを作成し、「serve_forever」メソッドを呼び出すと、エンドレスでサーバーが動き続けます。このHttpServerの引数には、以下のようなものを用意します。

表6-1 HTTPServerの引数

第1引数	アドレスとポート番号を指定する。ここでは('',8000)として、ホスト(localhost)にポート番号8000番でサーバーを公開している
第2引数	リクエストハンドラ(RequestHandler)というものを指定する。これは、クライアント(Webブラウザなど)から送られたリクエストを受け取り処理するためのもの。ここでは、SimpleHTTPRequestHandlerというものを指定している

最大のポイントは、リクエストハンドラSimpleHTTPRequestHandlerです。このクラスは、アクセスしたアドレスのパス部分をチェックし、それに相当するファイルをフォルダ内から読み込んでクライアントに送信します。例えば、http://○○/index.htmlとアクセスしたなら、index.htmlというファイルをフォルダ内から読み込んでそのまま送り返すのです。なお、http://○○/とすると、デフォルトのファイルとして自動的にindex.htmlが読み込まれます。

単純に「フォルダに配置したHTMLファイルをそのまま表示する」というだけなら、この1行のスクリプトだけでできてしまいます。

リクエストをPythonで処理する

1行サーバースクリプトは、ちょっとしたWebページをその場で表示して確認できて便利ですが、ただHTMLファイルを表示するだけです。実際にPythonのプログラムを使って画面を作成し表示するわけではありません。

Pythonで表示を処理するためには、独自のリクエストハンドラを用意する必要があります。先ほどの1行サーバースクリプトでは、HTTPServerインスタンスを作成する際、リクエストハンドラとしてSimpleHTTPRequestHandlerを指定していました。これに相当するものを自分で用意すればいいのです。BaseHTTPRequestHandlerクラスを継承して作成します。

```
class クラス(BaseHTTPRequestHandler):
    def do_GET(self):
    ……リクエストの処理……
```

このクラスには、do_GETというメソッドが用意されています。これは、クライアントがGETアクセスした際に呼び出されるもので、これをオーバーライドすることで、GET時の処理を用意できます。

●――テキストを表示する必要最小限のサーバー

「テキストを表示する」という必要最小限の機能を用意したリクエストハンドラを作成し、動かしてみます。

リスト6-3 テキスト表示だけをする必要最小限のサーバー

```
from http.server import BaseHTTPRequestHandler, HTTPServer

class HelloServerHandler(BaseHTTPRequestHandler):
    def do_GET(self):
        self.send_response(200) # HTTPレスポンス 200を返す
        self.end_headers()
        self.wfile.write('this is Hello Server!'.encode('utf-8'))
        return

HTTPServer(('',8000), HelloServerHandler).serve_forever()
```

これを実行すると、Webブラウザからhttp://localhost:8000にアクセスすると「this is Hello Server!」というテキストが表示されるようになります。このテキストが、HelloServerHandlerで作成した表示内容です。ここでは、do_GETで、リクエストに関する処理を以下のように行っています。

・レスポンスを送る

```
self.send_response(200)
```

sent_responseは、リクエストが正常に処理されたかどうかを示す、HTTPレスポンス状態コードをクライアントに送ります。200は、正常に終了したことを示すものです。

・ヘッダーを終了する

```
self.end_headers()
```

end_headersは、ヘッダー情報の送信を完了するものです。今回は特にヘッダー情報の送信などはしていないので、すぐにend_headersを送っておきます。このヘッダー情報の送信が完了してから、ボディ(コンテンツとなる部分)が送られます。

・コンテンツを出力する

```
self.wfile.write('this is Hello Server!'.encode('utf-8'))
```

クライアントへのコンテンツの出力は、wfileというメンバ変数に保管されているオブジェクトを使って行います。writeメソッドを呼び出し、出力内容を引数に指定すれば、その値がクライアント側へと送信されます。

do_GETの定義は、最後にreturnすれば完了です。「レスポンスを送る」「ヘッダーの終了」「コンテンツ書き出し」は、do_GETで必要な最低限の処理です。この3つさえきちんと実行すれば、クライアントへの表示出力は行えるようになります。

HTMLテンプレートを利用する

writeによる出力は、複雑なHTMLなどになると非常に面倒になります。やはり、あらかじめ基本的な表示内容をHTMLファイルなどに用意しておき、それを利用したほうがはるかに簡単です。

ただし、SimpleHTTPRequestHandlerで行ったように、ただHTMLファイルを読み込んで表示するだけでは、Pythonでサーバー処理を行う意味がありません。そこで、HTMLを使ったテンプレートを利用することにしましょう。

テンプレートというのは、HTMLのソースコードの中に特別な記号などを使って値を用意しておき、後からPythonを利用して値を置き換えたりできるようにする機能です。Pythonには、「文字列の書式化」機能があります。これを利用することで、特別なライブラリの導入などなしに簡単なテンプレート機能を実装できます。

実際に試してみましょう。フォルダ内に「sample.html」という名前のファイルを作成します。そして以下のように記述します。

リスト6-4 プレースホルダのあるhtmlファイル(sample.html)

```
<html>
<head>
    <meta charset='utf-8'>
    <title>{title}</title>
</head>
<body>
    <h1>{header}</h1>
    <p>{message}</p>
</body>
</html>
```

作成後、「python main.py」などとAnaconda Promptやターミナルから実行します。ここでは、{}記号を使った値が埋め込まれています。{title}, {header}, {message}の3つです。これらは、後から値をはめ込むためのプレースホルダの役割を果たします。sample.htmlを読み込み、プレースホルダに値をはめ込んで表示するスクリプトを作成しましょう。

リスト6-5 プレースホルダをPythonのプログラムで処理する

```
from http.server import BaseHTTPRequestHandler, HTTPServer

# sample.htmlを読み込んでおく
with open('sample.html', mode='r') as f:
    sample = f.read()

class HelloServerHandler(BaseHTTPRequestHandler):
    def do_GET(self): # 文字列をフォーマットして値を書き換える
        self.send_response(200)
        self.end_headers()
        html = sample.format(
            title='サンプル',
            header='サンプルページ',
            message='これは、サンプルのメッセージです。'
        )
        self.wfile.write(html.encode('utf-8'))
        return

HTTPServer(('',8000), HelloServerHandler).serve_forever()
```

図6-2：アクセスすると、sample.htmlを読み込み、{}部分に文字列を置き換えて表示する。

作成後、「python main.py」などとAnaconda Promptやターミナルから実行します。ここでは、with openを使い、sample.htmlの内容をあらかじめ読み込んでおきます。そしてdo_GETでは、この読み込んだ文字列をフォーマットして必要な値を組み込んだ上でwriteしています。

Pythonでは、{}を使って文字列にプレースホルダを指定しておくと、後でformatメソッドでそれぞれの部分に文字列をはめ込むことができます。

```
《文字列》.format( 名前 = 値 , 名前 = 値 , ……)
```

このように、プレースホルダの名前とそこに設定する名前を引数として指定すればいいのです。これだけの操作で、sample.htmlの{}部分に値を設定した文字列が作成されるので、それをwriteすればいいのです。

ルーティングを処理する

Webサイトでは、アクセスするアドレスに応じて表示が行われます。URLのドメインよりあとの部分(パス)の値によって表示が決められます。例えば一般のWebサーバーではパスの部分にファイル名を指定することで、そのファイルが読み込まれ表示されます。

こうした「アクセスしたパスに応じて表示などを分岐する」処理をルーティングと呼びます。リクエストハンドラでルーティングの処理を行う場合、もっとも単純なのは「path」の値をチェックすることでしょう。pathには、URLのパス部分(ドメインより後の部分)が保管されています。この値に応じて処理を分岐させればいいのです。ルーティングの例です。

リスト6-6 簡単なルーティング処理

```
from http.server import BaseHTTPRequestHandler, HTTPServer

with open('index.html', mode='r') as f:
    index = f.read()
with open('sample.html', mode='r') as f:
    sample = f.read()

class HelloServerHandler(BaseHTTPRequestHandler):
    def do_GET(self):
        self.send_response(200)
        self.end_headers()
        if (self.path == '/'):
            self.index() # トップページならindex.html
        elif (self.path == '/sample'):
            self.sample() # sampleならsample.html
        else:
            self.other() # その他

    def index(self): # inde.htmlを表示する
        self.wfile.write(index.encode('utf-8'))
        return
```

```
    def sample(self): # sample.htmlをもとに表示
        html = sample.format(
            title='サンプル',
            header='サンプルページ',
            message='これは、サンプルのメッセージです。'
        )
        self.wfile.write(html.encode('utf-8'))
        return

    def other(self): # その他の場合は警告を表示
        self.wfile.write(b'NO-PAGE!!!')
        return

HTTPServer(('',8000), HelloServerHandler).serve_forever()
```

アドレスに応じて、index、sample、otherのいずれかのメソッドが呼び出されるようになっています。それぞれのメソッドに、writeでボディ部分を出力する処理を用意すればいいのです。

URLクエリーパラメーターの利用

アクセスの際に必要な情報を渡すのに用いられるのが「URLクエリーパラメーター(クエリーパラメーター)」と呼ばれるものです。Googleのサイトに行くと、アドレスの後に「……?hl=ja&authuser=1&〜」といった記述が表示されることがあります。この?より後の部分は「クエリー文字列」と呼ばれ、このテキスト部分に記述されているパラメーターがURLクエリーパラメーターです。URLを指定してアクセスする際、?より後に以下のような形で必要な情報を付け足したものです。

```
……?キー=値&キー=値&……
```

それぞれの値にはキーがつけられています。このキーを指定することで、複数の値を渡せるようになっています。

●───urllib.parseモジュール

このURLクエリーパラメーターの値を利用するには、urllib.parseというモジュールにある「urlparse」と「parse_qs」を利用します。これらの関数は引数に指定されたURLのテキストを各要素に分解します。

・URLを分解する

```
urllib.parase.urlparse( URLテキスト )
```

表6-2 urlparse実行で返ってくるParseResultという値の結果の分類のされ方

scheme	スキーム名。冒頭にある 'http' や 'https' といった部分
netloc	ホストに割り当てられるドメイン名とポート番号部分。'localhost:8000' といった値が入る
path	パスの部分。'/sample.html' といった値が入る
params	パラメーター部分。セミコロン記号で区切られた値部分が入る
query	クエリー文字列の部分。このテキスト部分にパラメーター情報が記述される
fragment	#記号より後の部分。ページ内の位置を指定し表示を移動するのに用いられる

・クエリー文字列を分解して辞書で返す

```
urllib.parse.parse_qs( クエリー文字列 )
```

URLクエリーパラメーターの値を利用する

実際にクエリーパラメーターで送られた値を取り出し利用する例を挙げましょう。リスト6-2、リスト6-4を使い、リスト6-6のサンプルを修正し、/sampleにアクセスしたら、idとpassというクエリーパラメーターの値を取り出して表示します。

リスト6-7 クエリーパラメーターに応じた処理をするプログラム

```
from urllib.parse import urlparse, parse_qs # urllibから取り出す
from http.server import BaseHTTPRequestHandler, HTTPServer

with open('index.html', mode='r') as f:
    index = f.read()
with open('sample.html', mode='r') as f:
    sample = f.read()

class HelloServerHandler(BaseHTTPRequestHandler):
    def do_GET(self):
        _urldata = urlparse(self.path) # urlをパース
        _querydata = parse_qs(_urldata.query) # クエリーだけを取り出す
        self.send_response(200)
        self.end_headers()
        if (_urldata.path == '/'):
            self.index()
        elif (_urldata.path == '/sample'):
            self.sample(_querydata) # クエリーを処理
        else:
            self.other()

    def index(self):
```

```
        self.wfile.write(index.encode('utf-8'))
        return

    def sample(self, params):
        if 'id' in params:
            _id = params['id'][0]
        else:
            _id = 'no id.'
        if 'pass' in params:
            _pass = params['pass'][0]
        else:
            _pass = 'no pass.'
        _data = '<div>ID: ' + _id + '</div>' \
            '<div>PASS: ' + _pass + '</div>'
        html = sample.format(
            title='サンプル',
            header='サンプルページ',
            message='これは、サンプルのメッセージです。' + _data
        )
        self.wfile.write(html.encode('utf-8'))
        return

    def other(self):
        self.wfile.write(b'NO-PAGE!!!')
        return

HTTPServer(('',8000), HelloServerHandler).serve_forever()
```

図6-3：localhost:8000/sample?id=hanako&pass=flowerと記述しアクセスすると、ID:hanako PASS:flowerと表示される。

Webブラウザから/sampleにアクセスする際、その後に「?id=hanako&pass=flower」というように記述します。画面に、「ID: hanako」「PASS: flower」と表示されます。クエリーパラメーターで渡された値がそのまま取り出され表示されているのが確認できます。

ここでは、do_GETを呼び出されると、以下のようにしてクエリーパラメーターを変数に取り出しています。

```
_urldata = urlparse(self.path)
_querydata = parse_qs(_urldata.query)
```

これで、クエリーパラメーターの値が_querydataに辞書として保管されます。後は、これを引数に指定してsampleメソッドを呼び出し処理するだけです。

また、ここではもう１つ修正している部分があります。それは、アクセスしたURLのパスをもとに分岐処理をしている部分です。例えばトップページにアクセスされた際のif文を見ると以下のように変わっています。

```
if (self.path == '/'):
↓
if (_urldata.path == '/'):
```

self(すなわち、BaseHTTPRequestHandler)にあるpathは、ドメイン以降の部分をまるごと取り出します。つまり、クエリー文字列などまで含めたものが保管されているのです。これに対し、urlparseによってパースされた値は、パス部分からクエリー文字列などの部分を切り離したものです。

フォームを送信する

Webサイトでよくあるフォーム送信もPythonでは標準ライブラリだけで処理できます。送られた値を利用するにはいくつかポイントがあります。POSTアクセスの処理、送られたフォームの処理、そして取り出したテキストの処理です。

フォームは通常、method="post"を指定していPOST送信されます。したがって、受け取るときには、do_GETは使えません(これはGETアクセスのためのものなので)。POST送信を受け取るには、「do_POST」というメソッドを用意する必要があります。使い方は基本的にdo_GETと同じです。

送られたフォームの内容を取り出すには、標準ライブラリcgiモジュールの「FieldStorage」というクラスを利用します。

```
from cgi import FieldStorage

FieldStorage( fp=self.rfile, headers=self.headers, environ=環境変数 )
```

引数には、fp、headers、environといったものを用意します。この内、fpとheadersについては、そのままself.rfile、self.headersを指定すると覚えましょう。これらは、リクエストの送信データを読み取るself.rfileと、ヘッダー情報をまとめたself.headersがそのまま使われます。

environはフォームデータを読み取る際に必要となる情報を辞書にまとめたものです。これには最低限、'REQUEST_METHOD':'POST'という値を用意します。POST送信されたフォームデータを取り出す際にはこれが必要です。

こうして作成されたFieldStorageは、辞書オブジェクトと同様にフォームの項目名をキー指定して値を取り出せます。例えば、name="password"という項目がフォームにあったとすれば、['password']と指定することで値を取り出せます。

FieldStorageで取り出されるテキストは、日本語の場合には注意が必要です。Ӓといった記号のようなものとして取り出されてしまうためです。

この数字はユニコード・コードポイントと呼ばれるものです。これはそのままWebブラウザに出力すればちゃんと普通の文字として表示されるのですが、取り出したテキストを処理するような場合にはわかりにくいでしょう。こうしたときは、標準ライブラリhtmlモジュールの「unescape」という関数を利用します。引数に指定したテキストをエスケープしない形のテキストに変換したものを返します。

●――フォームを利用する

フォーム利用の例を挙げておきます。index.htmlファイルをフォームのあるものに修正します。送信先は、action="/form"としてあります。フォームには、name="str"と指定した入力フィールドを１つだけ用意してあります。

リスト6-8 フォームを設定したhtmlファイル(index.html)

```
<html>
<head>
    <meta charset='utf-8'>
    <title>Index</title>
</head>
<body>
    <h1>Index</h1>
    <p>This is sample page.</p>
```

```
    <form method="post" action="/form">
        <input type="text" name="str">
        <input type="submit" value="OK">
    </form>
</body>
</html>
```

続いて先述のサーバープログラムのクエリーパラメーターのところからスクリプトを修正します。今回はトップページとPOST送信される/formのみ用意し、それ以外は簡単なメッセージを表示するだけにしてあります。

リスト6-9 フォームを利用する

```
from cgi import FieldStorage # FiledStorageを利用
from html import unescape # unescapeを利用
from urllib.parse import urlparse, parse_qs, unquote
from http.server import BaseHTTPRequestHandler, HTTPServer

with open('index.html', mode='r') as f:
    index = f.read()
with open('sample.html', mode='r') as f:
    sample = f.read()

class HelloServerHandler(BaseHTTPRequestHandler):
    def do_GET(self):
        _urldata = urlparse(self.path)
        _querydata = parse_qs(_urldata.query)
        self.send_response(200)
        self.end_headers()
        if (_urldata.path == '/'):
            self.index()
        else:
            self.other()

    def do_POST(self):
        _urldata = urlparse(self.path)
        self.send_response(200)
        self.end_headers()
        if (_urldata.path == '/form'):
            form = FieldStorage(
                fp=self.rfile,
                headers=self.headers,
```

```
            environ={'REQUEST_METHOD':'POST'})
        if 'str' in form: # 値が用意されているかチェック
            # from['str']で情報を取り出しエスケープ
            s = unescape(form['str'].value)
        else:
            s = 'no-data.'
        html = sample.format(
            title='サンプル',
            header='送信されたフォーム',
            message='送信されたフォームの値：' + s
        )
        self.wfile.write(html.encode('utf-8'))
    else:
        self.wfile.write(b'CANNOT-POSTED')
    return

def index(self):
    self.wfile.write(index.encode('utf-8'))
    return

def other(self):
    self.wfile.write(b'NO-PAGE!!!')
    return

HTTPServer(('',8000), HelloServerHandler).serve_forever()
```

Index

This is sample page.

こんにちは！ OK

送信されたフォーム

送信されたフォームの値：こんにちは！

図6-4：フォームにテキストを書いて送信するとメッセージが表示される。

localhost:8000を開いてフォームに入力すると求めた値が表示されるはずです。

http.serverは本格的なアプリケーションには向きませんが、このようにそれなりの処理を少ない記述量で実現できます。ちょっとしたアイデアを試したいとき、ごく簡単なアプリケーションを試したいときなどに使うと面白いかもしれません。

6-2 FlaskでWebアプリケーション

Flaskを準備する

Pythonに標準のhttp.serverとBaseHTTPRequestHandlerによるサーバープログラムは、始めやすいもののほとんどあらゆる処理を自分で実装する必要があります。少人数で使うごく簡単なシステムやちょっとした検証目的ならともかく、多くのユーザーからの実際に利用を想定するような複雑なものになってくると実装は困難です。

そうなった場合、基本的なシステムが用意されているフレームワークの利用を考えることになるでしょう。Pythonでは、「Flask*1」と「Django*2」というWebフレームワークが著名です。これらを利用することで、http.serverほど記述量が多くなることなく本格的なサーバープログラムを構築できます。Djangoはかなり機能が多く、その分複雑になってしまっている部分があるので、本書ではシンプルで使いやすいFlaskを採用します。Djangoについては章末のコラム「Djangoについて」で簡単に紹介します。

●――Flaskのインストール

Navigatorを起動し、左側のリストから「Environment」をクリックして使用している仮想環境を選択します。そして上部の「Installed」と表示されたボタンをクリックし「All」を選択します。その右側の検索フィールドに「Flask」と入力し検索し、見つかったパッケージをチェックして「Apply」ボタンでインストールします。pipならpip install Flaskです。

Flaskの最小コード

Flaskを使ったWebアプリケーションがどのようなものになるか、最小限のコードをまとめると以下のようになります。

```
from flask import Flask

Flask( 名前 ).run(host='……IPアドレス……')
```

*1　https://palletsprojects.com/p/flask/

*2　https://docs.djangoproject.com/

Flaskインスタンスを作成し、runメソッドを呼び出します。第1引数にはアプリケーションの名前を指定します。インスタンス内のrunは、Flaskを実行するものです。これはhost引数を使い、公開するIPアドレスをテキストで指定します。

たったこれだけでFlaskによるWebアプリケーションが実行できます。

●───ルートの追加

この状態では、何も表示などが用意されていません。Flaskでは、特定のアドレスにアクセスした際の処理を関数として用意できます。こうしたアドレスへの割り当てはルートと呼ばれ、こうした形で処理を用意していくことが先述のルーティングです。ルートの設定は、アクセスするアドレスをアノテーション*3で指定し用意します。

```
@《Flask》.route( パス )
def 関数 ():
    ……処理……
    return テキスト
```

Flaskインスタンスのrouteアノテーションを使って、割り当てるパスを指定します。関数名はどのようなものでも構いません。そこで処理を行い、表示内容のテキストをreturnします。

最小アプリケーションを作る

実際にFlaskを使って文字列を表示する最小のアプリケーションを作成してみます。

リスト6-10 Flaskによる最小アプリケーション

```
from flask import Flask

app = Flask("helloapp")

# アノテーションにつなげて処理を書く
@app.route("/")
def hello():
    return "Hello World!"

# if __name__ == '__main__': で、
# ファイルをpythonコマンドから直接実行したときの動作を指定できる
```

*3 @を処理の前に書いて動作を指定する書き方。

```
# それ以外では動作しなくなる
if __name__ == '__main__':
    app.debug = True # デバッグモードを有効にする
    app.run(host='127.0.0.1') # app.run(host=ホスト名)でアプリを実行
```

記述したスクリプトファイルをPythonコマンドで実行(python ファイル名)すると、http://localhost:5000でアプリケーションにアクセスできるようになります。Webブラウザでアクセスすると、「Hello World!」とreturnした文字列がテキストとして表示されます。ブラウザ側で変更を反映するときはページをリロードしてください。

ここでは、Flaskインスタンスを作成後、ルートの処理を用意し、それから if __name__ == '__main__': をチェックしてスクリプトが直接実行された場合にrunするようにしてあります。なお、app.debug = Trueは、デバッグモードで実行するためのものです。

ルート設定は、今回、以下のようなアノテーションを付けて行っています。これで、"/"というパスにアクセスした場合に "Hello World!" というテキストが返されるようになります。ごく単純なものですが、「特定のアドレスにアクセスすると表示がされる」という基本はこれで作れます。

```
@app.route("/")
```

パラメーターを渡す

ルートの設定では、パスに特定のパラメーターを追加することもできます。これを利用すると、アクセスするURLに必要な値を追加してサーバーに渡すことができるようになります。

パラメーターは、ルーティングの関数を以下のように記述して使います。

```
@app.route("……パス……/<パラメーター>")
def 関数 ( 引数 ):
  ……引数を使って処理……
```

ルートに指定するパスのテキストには、<>記号を付けてパラメーターを埋め込むことができます。このように埋め込まれたパラメーターの値は、ルートの処理に用意した関数の引数にそのまま渡されます。この値を使って必要な処理を定義していくのです。

●――パラメーターで名前を渡す

/index/名前 という形でアクセスすることで、名前をサーバーに送り処理できるようにします。

リスト6-11 アクセスするURLで表示を変更する

```
from flask import Flask

app = Flask("helloapp")

@app.route("/")
@app.route("/index/<myname>")
def hello(myname="noname"):
    return \
'''
<html>
<head><title>Hello</title></head>
<body>
<h1>Welcome.</h1>
<p>Hello, {name}!.</p>
</body>
</html>
'''.format(name=myname)

if __name__ == '__main__':
    app.debug = True
    app.run(host='127.0.0.1')
```

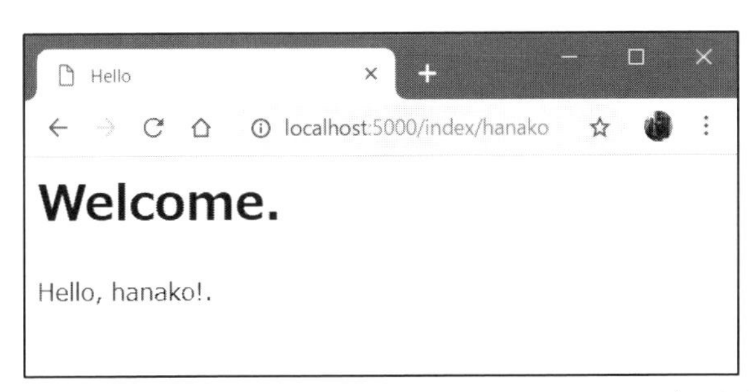

図6-5：/index/hanakoとアクセスすると、Hello, hanako! と表示される。

ここでは、簡単なHTMLのコードをテキストとして用意し、そこに{name}という値を用意しています。関数ではmynameという引数が用意されており、これに@app.route("/index/<myname>")の<myname>の部分に当てはまるテキストが格納されます。この値を利用して、formatで{name}部分にテキストをはめ込み表示しています。

ここでのhello関数を見ればわかるように、ルートを設定するアノテーションは、複数用意することができます。/と/indexのように、同じページにアクセスしていると認識して欲しいものは複数アノテーションを使って1つの関数にまとめます。

Jinja2テンプレートを利用する

HTMLを利用して複雑な表示を行う場合、すべてを文字列リテラルとして用意するのは非常に難しいでしょう。こうした場合は、テンプレートを利用します。

http.serverでは簡易的なテンプレートを用いましたが、本格的なWebアプリケーション開発ではテンプレートエンジンを用います。Flaskには「Jinja2」*4というテンプレートエンジンが組み込まれています。このテンプレートを利用することで、あらかじめ用意しておいたHTMLファイルに様々な処理を加えて読み込み表示させることができます。

Jinja2のテンプレートは、スクリプトのおかれた場所に「templates」というフォルダを用意し、その中に配置します。例として、以下のような内容を記述したテンプレートファイルをindex.htmlという名前でtemplatesに配置してみましょう。

リスト6-12 Jinja2テンプレートエンジン対応のhtmlファイル(templates/index.html)

```
<html>
<head>
    <meta charset='utf-8'>
    <title>{{title}}</title>
</head>
<body>
    <h1>{{title}}</h1>
    <p>{{message}}</p>
</body>
</html>
```

ここでは、{{}}という記号を使った表示が3ヶ所あります。{{title}}が2つ、{{message}}が1つです。この{{}}記号は、その内部に書かれた値を表示することを示します。例えば、{{title}}は、titleという値(変数)をここに表示することを示します。

Jinja2テンプレートでは、このように必要な値を{{}}記号でテンプレート内に埋め込むことができます。テンプレートを利用する際、これらの値を用意すれば、それらがテンプレート内に組み込まれるのです。

index.htmlを表示する

作成したindex.htmlテンプレートを表示してみます。トップページにアクセスするとindex.htmlを利用して画面表示を行うようにしてみましょう。

*4 https://jinja.palletsprojects.com/en/2.10.x/

リスト6-13 templates内のテンプレートを利用する

```
# render_templateももっておく
from flask import Flask, render_template

app = Flask("helloapp")

@app.route("/")
def hello():
    # あらかじめtemplatesフォルダーにindex.htmlが必須
    return render_template(
        'index.html',
        title='Hello',
        message='This is Jinja2 Template.')

if __name__ == '__main__':
    app.debug = True
    app.run(host='127.0.0.1')
```

図6-6：http://localhost:5000/にアクセスすると、index.htmlによる表示がされる。

スクリプトを実行し、Webブラウザからhttp://localhost:5000/にアクセスすると、index.htmlによる表示がされます。テンプレートの{{title}}部分には「Hello」、{{message}}部分には「This is Jinja2 Template.」というテキストが表示されます。

テンプレートを読み込みレンダリングし表示する処理は、「render_template」という関数として用意されています。

```
render_template( テンプレート名 , キー=値, キー=値, ……)
```

第１引数にテンプレートファイルの名前を指定します。またテンプレートに値を渡す場合は、名前付き引数の形で記述します。例えば、title='Hello'とすれば、テンプレート側の{{title}}に「Hello」という値が割り当てられるというわけです。

フォームの送信

フォームの送信を行う場合、Flaskではポイントは2つあります。1つは「GETとPOSTのアクセス管理」、もう1つは「送信されたフォームデータの扱い」です。

POST送信での処理は、@app.routeに「methods」という値を用意することで設定できます。このmethodsに'POST'と指定すれば、POST送信を受けられます。また、この値はリストとして指定することもでき、['GET', 'POST']とすることでGETとPOSTの両方を受け取ることも可能になります。

```
@app.route( アドレス , methods= メソッド )
```

リクエストの情報を扱う機能は、Fraskのrequestオブジェクトとして用意されています。このrequestから必要な値を得ることで、アクセスのメソッドや、送信されたフォームの情報を得ることができます。

・メソッドの取得

```
request.method
```

request.methodは、リクエストのメソッドを保管しています。GETやPOSTアクセスをすると、この値は'GET'または'POST'になります。

・フォームの情報

```
request.form[ 名前 ]
```

フォーム送信された値は、request.formにまとめられています。この値は辞書になっており、フォームに用意されるコントロールのname属性を指定して値を取り出すことができます。例えば、request.form['name']とすれば、<input name="name">の値が得られます。

●――フォーム送信を行う

フォーム送信の例を挙げます。まずはHTMLのテンプレートからです。ここではtemplates内のindex.htmlというファイルに、以下のように用意されているものとします。

リスト6-14 Jinja2に対応しフォームを追加したhtmlファイル(templates/index.html)

```
<html>
```

```
<head>
    <title>{{title}}</title>
</head>
<body>
    <h1>{{title}}</h1>
    <p>{{msg}}</p>
    <div>
        <form method="post" action="/">
            <input type="text" name="msg">
            <input type="submit">
        </form>
    </div>
</body>
</html>
```

このテンプレートを読み込み、フォームを送信した際の処理を行うように、スクリプトファイルを修正します。

リスト6-15 フォーム送信を処理する

```
# requestを読み込む
from flask import Flask, request, render_template

app = Flask("helloapp")

# methodsでGETとPOSTを指定
@app.route('/', methods=['GET', 'POST'])
def hello():
    if request.method == 'POST': # POSTの場合
        msg = request.form['msg']
        return render_template(
            'index.html',
            title='Hello',
            msg="you typed: " + msg)
    else:
        return render_template(
            'index.html',
            title='Hello',
            msg='type message:')

if __name__ == '__main__':
    app.debug = True
    app.run(host='127.0.0.1')
```

ここでは、request.methodの値が'POST'かどうかをチェックし、GETとPOSTの処理の切り分けをしています。POST送信されていた場合は、request.form['msg']の値を取り出してメッセージを作成しています。

図6-7：フォームを送信すると、その内容がメッセージとして表示される。

6-3 Jinja2テンプレートの活用

{% if %}で条件付き表示を行う

Jinja2は、単に変数などの値を埋め込んで表示するだけでなく、他にも様々なテンプレート独自の構文を備えています。より実践的な活用方法を学びましょう。状況に応じて表示をON/OFFするのに用いられるのが、{% if %}という構文です。

```
{% if 条件 %}
    ……True時の表示……
{% elif 条件 %}
    ……True時の表示……
{% else %}
    ……False時の表示……
{% endif %}
```

冒頭の{% if %}と最後の{% endif %}は必須です。途中の{% elif %}や{% else %}は必須ではなく、必要に応じて使います。また{% elif %}は1つだけでなく複数用意することができます。

条件の部分には、真偽値として扱うことのできる値や式が用意されます。このあたりは、Pythonのif文と同じです。

●──ifの利用

利用例を挙げます。テンプレートファイルindex.htmlに以下のように記述をします。ここでは、{% if flg %}という記述を用意し、変数flgの値がTrueならばその後の部分を、Falseならば{% else %}以降の部分を表示するようにしてあります。

リスト6-16 条件分岐を含んだテンプレート(templates/index.html)

```
<html>
<head>
    <meta charset='utf-8'>
    <title>{{title}}</title>
    <style>
    p { font-size: 20pt; }
    .ok { font-weight:bold; color:blue; }
    .ng { text-decoration:underline; red; }
    </style>
</head>
<body>
    <h1>{{title}}</h1>
    {% if flg %}
    <p class="ok">現在は、利用できます。</p>
    {% else %}
    <p class="ng">※現在、利用できません。</p>
    {% endif %}
</body>
</html>
```

続いて、スクリプトを作成します。index.htmlテンプレートを読み込み表示するスクリプトを用意します。

リスト6-17 ifを含んだテンプレートを利用する

```
from flask import Flask, render_template

app = Flask("helloapp")

flg = True

@app.route("/")
def hello():
    return render_template(
        'index.html',
        title='Hello',
        flg = flg)

if __name__ == '__main__':
    app.debug = True
    app.run(host='127.0.0.1')
```

これを実行し、http://localhost:5000/にアクセスすると、「現在は、利用できます。」とメッセージが表示されます。それを確認し、スクリプトのflg = Trueの値をFalseに変更すると、今度は「※現在、利用できません。」と表示が変わります。flg変数の値がテンプレートに渡され、その値によって{% if %}の表示が切り替わっているのがわかります。

Hello **現在は、利用できます。**	Hello ※現在、利用できません。

図6-8：flg変数がTrueの場合とFalseの場合で表示が切り替わる。

{% for in %}で繰り返し表示を行う

用意されたデータをもとに、繰り返しタグを出力させるのに用いられるのが{% for in %}という構文です。forの後に変数、inの後にリストなど多数の値をまとめて扱うオブジェクトを指定します。このリストから順に値を取り出して変数に代入し、{% endfor %}までの表示内容を出力します。

```
{% for 変数 in リスト %}
……繰り返す表示……
{% endfor %}
```

●――データをテーブルに表示する

データの内容をテーブルにまとめて表示するサンプルを作成します。まずスクリプトの作成です。変数dataに、表示するデータをまとめてあります。これは、id, name, mailという項目からなる辞書の配列です。これをrender_templateの引数に指定し、テンプレートに渡しています。後はテンプレート側で、このdataの値を使ってテーブルを作成するだけです。

リスト6-18 forを含んだテンプレートを利用する

```
from flask import Flask, render_template

app = Flask("helloapp")

flg = True
data = [
    {'id':1, 'name':'Taro', 'mail':'taro@yamada'},
    {'id':2, 'name':'Hanako', 'mail':'hanako@flower'},
    {'id':3, 'name':'Sachiko', 'mail':'sachiko@happy'},
]

@app.route("/")
def hello():
    return render_template(
        'index.html',
        title='Hello',
        data = data)

if __name__ == '__main__':
    app.debug = True
    app.run(host='127.0.0.1')
```

テンプレートを用意しましょう。index.htmlの内容を以下のように書き換えます。

リスト6-19 繰り返しを含んだテンプレート（templates/index.html）

```
<html>
<head>
    <meta charset='utf-8'>
```

```
    <title>{{title}}</title>
    <style>
    p { font-size: 20pt; }
    tr th { padding:5px; background-color:black; color:white; }
    tr td { padding:5px; border:1px solid gray;}
    </style>
</head>
<body>
    <h1>{{title}}</h1>
    <table>
        <tr>
            <th>ID</th>
            <th>NAME</th>
            <th>MAIL</th>
        </tr>
    {% for item in data %}
    <tr>
        <td>{{item.id}}</td>
        <td>{{item.name}}</td>
        <td>{{item.mail}}</td>
    </tr>
    {% endfor %}
    </table>
</body>
</html>
```

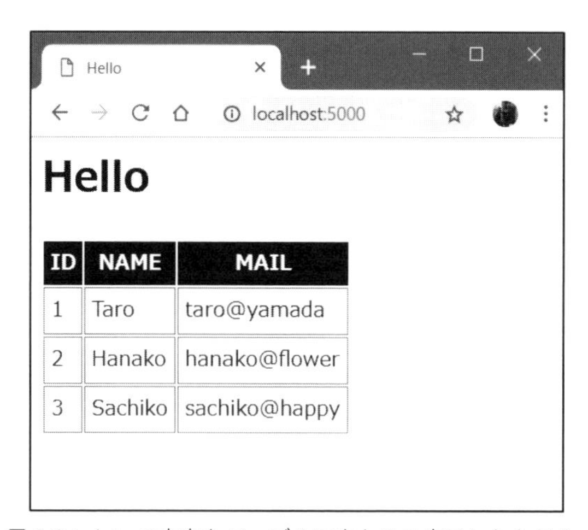

図6-9：dataの内容をテーブルにまとめて表示したところ。

Webブラウザで表示すると、dataにまとめられたデータがテーブルの形で表示されるのが確認できます。 ここでは、{% for item in data %}というようにしてdataから値を変数itemに取り出しています。そして、{{item.id}}というようにitemから値を取り出して表示しています。{% for item in data %}から{% endfor %}までの間に書かれたタグが、dataの各値ごとに書き出されているのが確認できます。

テンプレートの継承を使う

複数ページからなるWebサイトを構築するとき、留意しなければならないのが「デザインの統一」です。あらかじめ決まったレイアウトを作成し、それに沿ってすべてのページを用意することで統一感を出すことができます。

こうした統一デザインを作成する場合、Jinja2では「テンプレートの継承」機能を使います。ベースになるデザイン用テンプレートを用意し、それに各ページのテンプレートを当てはめるようにして表示を作成する機能です。以下のようにして行います。

・テンプレートを継承する

```
{% extends ファイルパス %}
```

これを記述すると、指定したファイルを読み込み利用するようになります。Webページの内容は、基本的に継承元のテンプレート（extendsで読み込んだもの）が用いられ、ベース・テンプレートを読み込む側では、ベースとなるテンプレートに当てはめるコンテンツのみを用意します。それぞれのページのコンテンツは「ブロック」と呼ばれるものとして用意されます。

{% block %}によるブロック表示

ブロックは、特定の位置にコンテンツを組み込む機能です。これは組み込む場所を示す部分と、組み込むコンテンツをそれぞれ用意します。

・組み込む場所の指定

```
{% block 名前 %}
……ブロックが読み込まれないときの表示……
{% endblock %}
```

・組み込むブロックの作成

```
{% block 名前 %}
……ブロックの表示内容……
{% endblock %}
```

ブロックを作成する場合も、用意したブロックを継承元のテンプレートに配置する場合も、どちらも{% block 名前 %}と{% endblock %}を使います。Jinja2は、{% extends %}で読み込んだ継承元のテンプレートにある{% block %}部分に、用意した{% block %}の内容をはめ込んで表示します。

つまりベース・テンプレートを読み込んで利用する側では、そのテンプレートにあるブロック部分に組み込むコンテンツだけを用意すればいいのです。

●――ベースとなるテンプレートを用意する

実際に簡単なテンプレートの継承を行います。この前の「{% for in %}による繰り返し表示」で作成したテーブル表示のサンプルを、継承利用の形に書き直したものをあげておきます。

ここでは2つのテンプレートファイルが必要です。ベースとなる「layout.html」と、それを継承する「index.html」です。どちらも「templates」フォルダの中に配置します。なおスクリプトファイルはリスト6-18を利用するものとします。

リスト6-20 ベースとなるhtml（templates/layout.html）

```
<html>
<head>
    <meta charset='utf-8'>
    <title>{{title}}</title>
    <style>
    body { background-color: #eee; }
    p { font-size: 20pt; }
    .block { background-color: white; padding:10px;}
    tr th { padding:5px; background-color:black; color:white; }
    tr td { padding:5px; border:1px solid gray;}
    </style>
</head>
<body>
    <h1>{{title}}</h1>
    <div class="block">
    {% block content %}
    ※ブロックが読み込めません。
```

```
    {% endblock %}
    </div>
</body>
</html>
```

リスト6-21 layout.htmlを取り込むhtml (templates/index.html)

```
{% extends "layout.html" %}
{% block content %}
<table>
    <tr>
        <th>ID</th>
        <th>NAME</th>
        <th>MAIL</th>
    </tr>
{% for item in data %}
<tr>
    <td>{{item.id}}</td>
    <td>{{item.name}}</td>
    <td>{{item.mail}}</td>
</tr>
{% endfor %}
</table>
{% endblock %}
```

わかりやすいように、ページ全体の背景を淡いグレーに設定してあります。白い背景が、ブロックとして組み込んである部分です。{% block content %}というようにしてブロックを作成しています。index.html側の{% block content %}部分が、そのまま継承元であるlayout.htmlの{% block content %}部分にはめ込まれて表示が作成されるようになっているのがわかるでしょう。

マクロ機能を使う

決まった形式の表示をいくつも作成するような場合、それらの表示を自動化する機能が欲しくなるでしょう。これを行うのが「マクロ」です。マクロは、決まった表示を出力させるための関数のような働きをするものです。これは以下のような形で使います。

・マクロの定義

```
{% macro 名前 ( 引数 ) -%}
……表示内容……
```

```
{%-endmacro %}
```

・マクロの適用

```
{{ 名前 ( 引数 ) }}
```

マクロの定義は、{% macro %}には、マクロの名前と、()に引数として渡される値を用意します。この渡された値を使って表示を作成します。

作成されたマクロは、それ以降、{{}}記号を使って呼び出すことができます。これにより、{% macro -%}から{%- endmacro %}までに記述された内容が、マクロを呼び出した部分に出力されます。

●――マクロを使う

「テンプレートの継承を使う」で作成したindex.htmlを修正し、テーブルの<tr>タグ部分をマクロで表示するように変更してみます。リスト6-18のスクリプトと実行できます。

リスト6-22 マクロを利用したテンプレート(templates/index.html)

```
{% extends "layout.html" %}

{% macro row(item) -%}
<tr>
    <td>{{item.id}}</td>
    <td>{{item.name}}</td>
    <td>{{item.mail}}</td>
</tr>
{%- endmacro %}

{% block content %}
<table>
    <tr>
        <th>ID</th>
        <th>NAME</th>
        <th>MAIL</th>
    </tr>
{% for item in data %}
    {{ row(item) }}
{% endfor %}
</table>
{% endblock %}
```

ここでは、{% macro row(item) -%}というようにしてrowマクロを定義しています。引数として渡されるitemから表示する値を取り出して、テーブルの<tr>タグ部分を作成しています。

このマクロは、{% for item in data %}の繰り返し構文内で、{{ row(item) }}として呼び出しています。繰り返しでdataから取り出されたitemをそのまま引数に指定してrowマクロを呼び出すと、itemの値をもとに<tr>タグが生成されます。

●——importでマクロをロードする

マクロは、同じファイル内でなく、別ファイルに用意することもできます。この場合、importを使って以下のように読み込みます。これで指定したファイルが読み込まれ、変数に設定されます。マクロは、その変数内にある要素として「変数 . マクロ（……）」という形で呼び出すことができます。

```
{% import ファイルパス as 変数 %}
```

別ファイルにマクロを切り離した利用例を見ましょう。「templates」フォルダ内に「macro.html」というファイルを用意し、以下を記述します。

リスト6-23 マクロファイル（templates/macro.html）

```
{% macro row(item) -%}
<tr>
    <td>{{item.id}}</td>
    <td>{{item.name}}</td>
    <td>{{item.mail}}</td>
</tr>
{%- endmacro %}
```

ここでは、rowマクロを定義してあります。<table>の<tr>部分を出力するもので、引数にitemオブジェクトを渡すと、その中からid, name, mailといった項目をまとめて表示します。

作成したマクロファイルを利用するためにindex.htmlを編集します。データを元にテーブルを生成します。レイアウト用テンプレートはリスト6-20、スクリプトはリスト6-16を使うものとします。

リスト6-24 外部のマクロtemplates/macro.htmlを使う（templates/index.html）

```
{% extends "layout.html" %}

{% block content %}
```

```
<table>
    <tr>
        <th>ID</th>
        <th>NAME</th>
        <th>MAIL</th>
    </tr>
    {% import 'macro.html' as m %}
    {% for item in data %}
        {{ m.row(item) }}
    {% endfor %}
</table>
{% endblock %}
```

ここでは、テーブルの内容を出力する手前で、{% import 'macro.html' as m %} としてmacro.htmlを読み込んでいます。そしてテーブルの出力部分では、{{ m.row(item) }} という形でrowマクロを実行しています。これで、引数に指定したitemの内容がテーブルに整形されて表示されます。

{% set %}で変数を設定する

Jinja2では、{{}}を使って変数の値を出力できます。これは通常、スクリプト側であらかじめ値を用意しておくものですが、実はテンプレート内で変数を定義し利用することもできます。これは以下のように行います。

```
{% set 変数名 = 値 %}
```

こうして作成された変数は、この記述以降で利用できます。テンプレート内でデータを作成し、それをテーブルとして出力させます。index.htmlを書き換えてください。レイアウト用テンプレートはリスト6-20、スクリプトはリスト6-18を使うものとします。

リスト6-25 setでテンプレート側で変数を用意する

```
{% extends "layout.html" %}
{% set newdata = [
    {'id':101, 'name':'たろう', 'mail':'taro@yamada'},
    {'id':102, 'name':'はなこ', 'mail':'hanako@flower'},
    {'id':103, 'name':'さちこ', 'mail':'sachiko@happy'}
] %}
{% block content %}
<table>
    <tr>
```

```
            <th>ID</th>
            <th>NAME</th>
            <th>MAIL</th>
        </tr>
{% for item in newdata %}
<tr>
    <td>{{item.id}}</td>
    <td>{{item.name}}</td>
    <td>{{item.mail}}</td>
</tr>
{% endfor %}
</table>
{% endblock %}
```

ここでは冒頭で変数newdataを用意しています。整理すると以下のような形で記述されています。

```
{% set newdata = [ {……}, {……}, {……} ]
```

オブジェクトの配列としてnewdataに値を代入しているのがわかるでしょう。{% for in %}では、このnewdataから順にオブジェクトを取り出し、その中の値を出力していたのです。

●———ブロックを変数に割り当てる

{% set %}は、変数の作成だけでなく、ブロックの作成も行うことができます。この場合は、以下のような書き方をします。これで、{% set %}から{% endset %}までの部分をブロックとして変数に代入します。後は、この変数を{{}}で埋め込めば、そこにブロックの内容が表示されます。

```
{% set 変数名 %}
……表示内容……
{% endset %}
```

index.htmlを書き換えて試します。

リスト6-26 ブロック変数の利用例

```
{% extends "layout.html" %}
{% set footer %}
<style>
.footer { text-align: right; border-bottom: 1px solid black; }
</style>
```

```
<div class="footer">copyright SYODA-Tuyano.</div>
{% endset %}
{% block content %}
<table>
    <tr>
        <th>ID</th>
        <th>NAME</th>
        <th>MAIL</th>
    </tr>
{% for item in data %}
<tr>
        <td>{{item.id}}</td>
        <td>{{item.name}}</td>
        <td>{{item.mail}}</td>
    </tr>
{% endfor %}
</table>
{{footer}}
{% endblock %}
```

ここでは、{% set footer %}〜{% endset %}で「footer」という変数にフッター表示のためのブロックを用意しています。そして、最後に{{footer}}としてその内容を表示しています。

なお、ここではindex.html内にすべてを記述していますが、継承を利用する場合は、継承元のテンプレートにあらかじめブロックの定義部分({% set %}〜{% endset %}の部分)を用意しておくこともできます。

通常の{% block %}によるブロックは、あらかじめ継承元となる親テンプレート側に配置する場所などを指定して、そこに子テンプレートのコンテンツをはめ込みますが、{% set %}による方法は、子テンプレート内のどこにでも必要に応じて{{}}で配置できます。非常に柔軟な使い方ができる方法です。

Flaskを学んだことで本格的なアプリケーションが作れるようになりました。実際に作る上では、セキュリティ上注意すべきことなど課題がいくつかあります。Webサイトを高いセキュリティを保って運用するためには、IPAの『安全なウェブサイトの作り方[*5]』など公開資料も多くあるので、それらを参考に学んでいきましょう。

＊5　https://www.ipa.go.jp/security/vuln/websecurity.html

Column

FlaskでJSONを返す

JSONはReactのようなJavaScript中心のアプリケーション、iOS/Androidなどのモバイルプラットフォームのアプリケーションにも通信周りでよく使われるフォーマットです。5章でも簡単に紹介しました。FlaskでJSONを返すアプリケーションをつくってみましょう。flaskのjsonifyという関数を使います。

```
# jsonifyを取り込む
from flask import Flask, jsonify

app = Flask('jsonapp')

@app.route('/api/<username>')
def score(username):
    return jsonify({'user': username, 'status': 'ok'})

if __name__ == '__main__':
    app.debug = True
    app.run(host='127.0.0.1')
```

ブラウザでlocalhost:5000/api/taroなどにアクセスすると、JSONとして結果が返ってきます。

Column

Djangoについて

PythonでWebアプリケーション開発を行う場合、http.serverで一からWebアプリケーションを開発する、というやり方はあまり用いられていません。

Flaskも使われていますが、同等かそれ以上に開発で人気があるのは「Django」です。

Djangoは、PythonのWebアプリケーションフレームワークです。Webアプリケーションそのものだけでなく、開発用サーバーやコマンドラインインターフェイスなども備えます。DjangoはMVC(Model-View-Controller)アーキテクチャーを採用しており*a、複雑なWebアプリケーションを必要最小限のコーディングで開発することができます。

Flaskはマイクロフレームワークと呼ばれており、必要最小限の機能のみを実装しています。必要なら、たった1つのスクリプトファイルだけで簡単なWebアプリを作ることができます。

*a Djangoの開発者は、DjangoはMVCではなく、MTV(Model-Template-View)であるといっていますが、アーキテクチャーの考え方としてはほぼ同じです。

これに対してDjangoはフルスタックフレームワークであり、多数ページのルーティング、画面表示のテンプレート機能、データベースアクセス、アプリ全体を統括する管理ページなど多数の機能を備えています。特に、アプリ自身に自動生成される管理ページは、データベースや登録ユーザーなどをWebページで視覚的に管理できるもので、Djangoの大きなアドバンテージとなっています。

データベースは、標準でSQLite3に対応しており、プロジェクトごとに専用のデータベースファイルが用意されていて、管理ツールでデータベースの作成や編集を行うことができます。もちろん、その他のMySQLやPostgreSQLといったデータベースを使うことも可能です。

Djangoのインストール

Djangoは、Pythonのモジュールとして配布されています。AnacondaならばNavigatorのEnvironmentから、これまで利用してきたモジュールと同様に「django」を検索しインストールすることで使えるようになります。標準Pythonの場合は、「pip install django」でインストールできます。

Djangoアプリを使ってみる

Djangoは、「django-admin」というコマンドでプロジェクトを作成できます。コマンドプロンプトまたはターミナルから以下のように実行します。

```
django-admin startproject django_app
```

これで、「django_app」というフォルダを作成し、その中にDjangoのWebアプリケーションのファイル類をコピーします。作成後、「cd djang_app」でフォルダ内にカレントディレクトリを移動し、以下のようにコマンドを実行します。

```
python manage.py runserver
```

これで、作成したWebアプリケーションが実行されます。Webブラウザからhttp://127.0.0.1:8000/にアクセスすると、作成されたWebアプリケーションのサンプルページが表示されます。

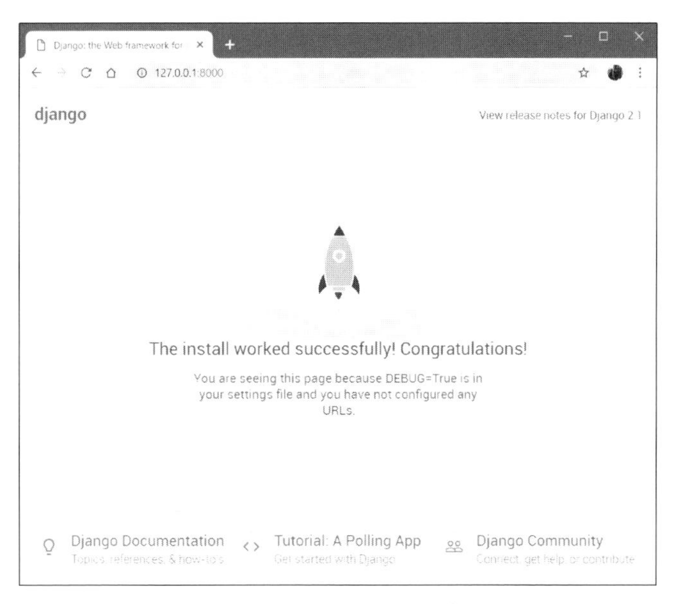

図6-10：Djangoで作成されたWebアプリケーション。

あとは、作成されたプロジェクトにスクリプトファイルを追加していくことで、Webアプリケーションの開発を行うことができます。Djangoにはアプリケーションの基本的なスクリプトファイルを自動生成するコマンドなども用意されており、「コマンドで基本的なファイルを生成してカスタマイズする」といったやり方で開発は進められます。

単純なWebアプリであれば、本書で取り上げたFlaskのようなマイクロフレームワークが便利です。ただし、より大規模なアプリケーションをつくるときにはDjangoのような強力なフレームワークのほうが開発しやすいでしょう。

Pythonで本格的なWebアプリケーションを開発するときはFlaskかDjango、DjangoはFlaskに比してカバーする範囲が広い（フルスタック）ということで覚えておきましょう。

Column

データベースとFlask

Webアプリケーションを使うときに重要なものの1つがデータベースの取り扱いです。データベースは利用する技術（本格的なWebアプリケーションならMySQLかPostgreSQLが多いでしょう）によって事前準備がいくつか異なるので、本書では割愛しています。Flask-SQLAlchemy[*a]というライブラリがこの用途では人気です。

＊a　https://github.com/pallets/flask-sqlalchemy

Column

WSGI Web Server Gateway Interface

Python でWeb アプリケーションをつくるときに知っておきたいのがWSGI*a です。WSGI とはPython の Web サーバーとその上で動作する Web アプリケーションに関する一連の仕様です。Flask と Django はWSGI に準拠しています。

Flaskのような「WSGI アプリケーション」と「WSGI サーバー」で構成されます。ここまで紹介しなかったのが、「WSGI サーバー」と呼ばれるソフトウェアです。WSGI サーバーはFlask や Django を常時実行し、HTTP リクエストを受け取るサーバーのことです。「gunicorn*b」などが存在します。検証時にはWSGI サーバーは必要ありませんが、本格的なシステム構築時にはWSGI サーバーを使うことが望ましいです。

*a WSGIの仕様はフレームワークそのものの開発者などには重要ですが、ただ使うだけなら意識する必要はありません。 https://wsgi.readthedocs.io/en/latest/

*b https://gunicorn.org/

Chapter

7

機械学習を体験する

現在、Pythonの利用で最も注目されている分野がAI（機械学習）でしょう。ここでは、Pythonの機械学習入門に最も広く使われているscikit-learnと、本格開発にも多用されているTensorFlowの基本について説明しましょう。

7-1 scikit-learnを使う

機械学習とは?

ここ数年、Pythonの名前が急速に広まるきっかけとなった背景にあるのは、「人工知能(AI)」でしょう。AIに関するさまざまな新技術が登場していますが、そうした中でPythonの名前を聞くことが非常に多いはずです。

中でも、AIに関連する技術の一つである「機械学習」においては、かなりの割合でPythonが用いられています。既に説明したNumPyやSciPyなど数値演算に関する優れたライブラリがPythonには充実しています。また大学などの教育研究機関でPythonを研究や教育用の言語として採用しているところが非常に多いです。こうしたことから、「数値演算、データ解析に強いPython」という土壌が作られていき、機械学習でもその実力をいち早く発揮できました。

●機械学習は「学習」と「予測」

機械学習を実際に使って見る前に、機械学習がどういうものか基本的なところを学びましょう。機械学習というのは、「あらかじめ用意されたデータなどを元に**学習**を行い、それに基づいて新たに提示されたデータの**予測**を行う」という技術です。この機械学習を行うには、事前の準備が非常に重要です。

・データの前処理(下処理)

学習を行うためには、あらかじめデータが学習しやすい形に処理されていなければいけません。例えば、すべてのデータの構成やデータサイズを揃えるなどの必要があります。

・学習アルゴリズムの選定

データの学習においては、「どのようなアルゴリズムに基づいてデータを処理するか」が重要になります。機械学習ではさまざまなアルゴリズムが用いられます。またアルゴリズムによっては、使用するパラメータの設定が大きく結果を左右することもあります。最適なアルゴリズムとパラメータを設定することが、より精度の高い学習に繋がります。

・モデルの作成

機械学習では、用意されたデータを元に**モデル**を作成していきます。モデルは、用意されたアルゴリズムに基づいてデータについて学習していくことで作成されるものです。このモデルから、与えられたデータがどのように分類されるかが決定されます。

これらの作業(学習)を行い、それから予測を行います。予測では、データをモデルによって解析し、結果を判断します。この基本的な流れを、まずは頭に入れておきましょう。

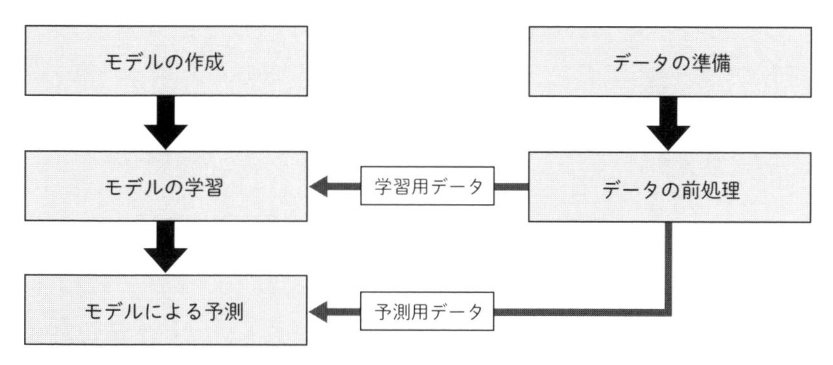

図7-1：機械学習の作業の流れ。

「教師あり」と「教師なし」

機械学習の手法は、大きく**教師あり**と**教師なし**に分類されます。これによりかなり学習の方法も変わってきます。

・教師あり学習

学習データとセットで、そのデータの正解となる情報(ラベル)も用意しておくものです。既存の情報から、未知のデータを予測します。このラベルの存在から教師あり学習と呼ばれます。本書では既存のデータセットを用いるためラベル付けはしませんが、このラベル付けも重要な作業です。

・教師なし学習

正解データを持たない方式です。データの性質に応じてデータをグループ分け(クラスタリング)していきます。そうすることで、新たなデータがどこに分類されるか予測します。

教師なし学習は「分類」をする技術

教師あり学習は、ものすごく簡単に言えば「既知のラベル(答え)があるデータからパターンを作成して、未知のデータを予測する」というものです。比較的仕組みが理解しやすいでしょう。イメージしにくいのは、教師なし学習です。

教師なし学習はデータが「どの分類に含まれるものか」を判断できるようになるものです。「このデータは、これらのグループに含まれるものだ」というのがわかります[*1]。この分類は、ラベルによって予測の基準が明確な教師あり学習とは性格が異なります。グループ分けはあくまでも機械学習の成果であり、グループごとの特徴などは人間が読み解く必要があります。

機械学習というのは、本質的にはこのようにデータから法則性を学び、その法則性をもとに予測するという地道な技術です。何でも答えられる万能の技術ではありません。AIといった言葉から、「膨大なデータを学習して、何でも理解して質問にぱっと正解が答えられるようになる」イメージで捉えている人が多いかもしれませんが、実際にはそういうものではありません。

例えば、機械学習では、沢山の動物の写真を学習することで、その動物が何か答えられるようになるでしょう。しかし、これは「その絵が猫だと理解できる」わけではありません。データごとに「これは『猫』というグループに含まれるもの」「これは『犬』というグループに含まれるもの」と学習していくことで、提示されたイメージの特徴から「これは『猫』グループに含まれるものだろう」と推測できるようになるというものなのです。別に、その写真が「猫」という動物だと理解しているのではないのです。

scikit-learnを用意する

Pythonの機械学習ライブラリの中でも、特に機械学習初心者に広く利用されているのが「scikit-learn」です。これは機械学習ライブラリの中でも非常に扱いが簡単であり、機械学習に関する高度な知識がなくとも利用することができます。このscikit-learnを使って、機械学習がどのようなものか体験してみましょう。

scikit-learnは、Pythonに標準では用意されていません。別途インストールする必要があります。

●——scikit-learnのインストール

Navigatorを起動し、左側のリストから「Environment」をクリックして使用している仮想環境を選択し、上部の「Installed」と表示されたボタンをクリックし「All」を選択します。その右側の検索フィールドに「scikit-learn」と入力し検索し、見つかったパッケージをチェックして「Apply」ボタンでインストールします。 pipならpip install scikit-learnを実行します。

＊1　教師なし学習には実際には主成分分析なども含まれます。

irisデータを利用する

機械学習を実際に使って見るためには、まず学習するデータを用意する必要があります。scikit-learnには、いくつかのサンプルデータ(データセット)が用意されています。それを利用するのが良いでしょう。

ここでは「iris」というデータセットを利用します。irisは、アイリス(あやめ)の花のデータを数値でまとめたもので機械学習分野の入門に広く使われます。このデータは、以下の4つのデータとデータの種類を示す1つのラベルからなります。

- **花がくの長さ**
- **花がくの横幅**
- **花びらの長さ**
- **花びらの横幅**
- **花の種別(ラベル)**

irisはさまざまなアイリスの花について4つの値を調べ、データ化したものです。加えて調べた花の品種(「setosa」「versicolor」「virginica」の3種類)でラベルづけ(正解データの提示)をしています。これらのデータをもとに学習をし、4つのデータから「それがどの品種のアイリスか」を機械学習で推測できるようにしよう、というわけです。

●――irisデータの読み込みと分割

irisデータは、ひとかたまりの大きなデータです。これは、学習用と予測用に分かれていません。実際に利用する際には、データを読み込み、それを「学習用」と「予測用」に分割して使うことになります。

ここでは、全体の25%を予測用に切り分け、残りを学習用に利用することにします。まずは機械学習の前段でここでは学習は始めません。

リスト7-1 機械学習用のデータの利用

```
# scikit-learn (sklearn) からデータセットを読み込む
from sklearn.datasets import load_iris
# データを分割するためのもの
from sklearn.model_selection import train_test_split

# データ読み込み
iris = load_iris()
print(iris.data.shape) # データサイズ
```

```
print(iris.target_names) # 品種名のデータ

# データの分割代入、train_test_split(...)の結果のリストを4つの変数に代入
X_train, X_test, Y_train, Y_test =\
     train_test_split(iris.data, iris.target, test_size=0.25)
print(X_train[:5])
print(Y_train[:5])
```

実行すると、データサイズ、品種名データ、X_train（学習用）とY_train（予測用）のデータの一部、それぞれ以下のように出力します。

```
(150, 4)

['setosa' 'versicolor' 'virginica']

[[6.1 2.8 4.  1.3]
 [5.  3.4 1.5 0.2]
 [7.1 3.  5.9 2.1]
 [5.8 2.8 5.1 2.4]
 [5.  3.5 1.3 0.3]]

[1 0 2 2 0]
```

●――処理の流れを整理する

irisデータの読み込みは、sklearn.datasetsに「load_iris」という関数として用意されています。読み込まれたデータはsklearn.utils.Bunchというクラスのインスタンスとして用意されます。そこから必要なデータを取り出すことができます。

学習用のデータは、iris.dataにリストのリスト（2次元リスト）として保管されています。各irisのデータをリストにまとめ、そのデータを調べた花の数だけリストにしてあるのです。また品種は整数の値で指定されていますが、各番号が何という品種かは、iris.target_namesに保管される品種名のリストを参照すればわかるようになっています。

読み込んだirisデータを学習用と予測用に分割するには、train_test_splitを利用します。第1引数と第2引数には、読み込んだirisデータのdataとtargertの値を指定します。test_size引数には、予測用に割り当てるデータの量を指定します。これはデータの個数を表す整数か、あるいは全体の割合を示す0〜1.0の実数で指定します。ここでは、test_size=0.25と指定し、全体の25%を予測用に割り当てています。

```
X_train, X_test, Y_train, Y_test = train_test_split( iris.data, iris.target,¥
    test_size=サイズ )
```

train_test_splitの戻り値は、irisデータを分割したものとその答えデータが2セット用意されます。これを学習用、予測用のデータとして利用します。

表7-1 変数の役割

X_train	学習用のirisデータ(元データの25%)
X_test	予測用のirisデータ(元データの75%)
Y_train	学習用のirisデータのラベル、学習に使う
Y_test	予測用のirisデータのラベル、答え合わせに使う

X_trainでは、アイリスの花の値のデータをリストにまとめたものが更にリストにまとめられています。X_testには、そのアイリスの花の種類を示す番号がリストとして用意されます。これは教師用の「正解」データですが、品種を示すただの番号として表示されます。それぞれが何という花を示すかはtarget_namesの値を調べる必要があります。

SVMモデルによる学習を行う

データが用意できたところで、実際に学習を行ってみましょう。scikit-learnには、機械学習のためのさまざまな学習モデルやアルゴリズムが用意されています。ここでは例として、「SVM」と呼ばれる学習モデルを使って学習と予測を行ってみます。

SVMは、Support Vector Machine (サポートベクターマシン)の略称です。認識率が高く、機械学習の定番とも言えるものの1つです。sklearn.svmのSVCというクラスから利用できますこのSVCを利用することで、irisデータの学習を行います。

データの学習は、まずSVCインスタンスを作成し、fitメソッドを実行して行います。

SVCでは少なくとも2つの引数を用意します。Cは、エラーの許容量を示す数値で、gammaはSVMで用いられているRBF(Radial Basis Function)カーネルの係数です。これらを適切な値に設定することで学習効率を高めることができます。これらの引数はオプションですが機械学習を体験するために有用なので今回は設定します。

なお引数はこの他にも多数用意されていますが、いずれもオプションであり、必須ではないので省略します[*2]。

```
SVC(C=数値 , gamma=数値 )
```

fitは、第1引数のデータと第2引数の正解データをもとにモデルの学習を行います。戻り値はありますが、結果が返されるわけではなく、fitしたモデルのインスタンス自身に学習が行われます。

```
《SVC》.fit( 学習用データ , 教師データ )
```

●———学習のサンプル

実際に学習をしてみましょう。リスト7-1に学習関連の機能を追加したものです。実際のデータの表示などは後ほど行います。

リスト7-2 機械学習を実行する

```
from sklearn.datasets import load_iris
from sklearn.model_selection import train_test_split
# SVCを読み込む
from sklearn.svm import SVC

iris = load_iris()
X_train, X_test, Y_train, Y_test = \
    train_test_split(iris.data, iris.target, test_size=0.25)

model = SVC(C=100., gamma='scale') # 条件を設定してオブジェクト作成
print(model)
# iris.target_names[Y_train]でデータに対するラベルの一覧が出せる
# print(iris.target_names[Y_train])
model.fit(X_train, iris.target_names[Y_train]) # 学習
```

データを予測しレポートを表示する

データの準備、学習が終わりました。いよいよ予測に入ります。学習したデータに基づく予測は、SVCインスタンスのpredictメソッドで行います。データの予測は、predictの引数に予測のためのデータを指定して実行します。戻り値は、予測データの各データごとの予測結果をオブジ

＊2　興味があれば公式ドキュメントを参照。 https://scikit-learn.org/stable/modules/generated/sklearn.svm.SVC.html

ェクトにまとめたものになります。

```
《SVC》.predict( 予測用データ )
```

これを使って学習したSVCモデルによる予測の実行と、その結果のレポート表示(sklearn.metricsを用いる)を行います。

リスト7-3 機械学習の実行とレポートの表示

```
from sklearn.datasets import load_iris
from sklearn.model_selection import train_test_split
from sklearn.svm import SVC
# 指標を評価するための機能を追加
from sklearn.metrics import accuracy_score,confusion_matrix,↵
classification_report

iris = load_iris()
X_train, X_test, Y_train, Y_test = \
    train_test_split(iris.data, iris.target, test_size=0.25)

model = SVC(C=100., gamma='scale')
model.fit(X_train, iris.target_names[Y_train])

# X_test (予測用データ) で予測する
pred = model.predict(X_test)

# 結果を確認する、Y_test (予測用データのラベル) を用いる
score = accuracy_score(iris.target_names[Y_test], pred) # 正解率を計測
print('score:%s' % score)
print(classification_report(iris.target_names[Y_test], pred)) # 品種ごとの結果
print(confusion_matrix(iris.target_names[Y_test], pred)) # 分類された結果
```

実行結果の例を見てみましょう。結果の内容はそれぞれ異なります。

```
score:1.0
              precision    recall  f1-score   support

      setosa       1.00      1.00      1.00        11
  versicolor       1.00      1.00      1.00        11
   virginica       1.00      1.00      1.00        16

   micro avg       1.00      1.00      1.00        38
   macro avg       1.00      1.00      1.00        38
weighted avg       1.00      1.00      1.00        38
```

```
[[11  0  0]
 [ 0 11  0]
 [ 0  0 16]]
```

予測した結果がどのようなものかは、さまざまなレポート機能でわかります。ここでは主に3つの機能を用いました。

「スコア」「irisの品種ごとの結果」「分類された結果」が表示されます。スコアは一致率を単純に数値で表したものです。

その後には、実行結果に関する情報が一覧表として出力されています。「setosa」「versicolor」「virginica」というのは、3種類のアイリスの品種名です。各品種ごとに、どれだけ正しく予測ができたかを表示していたのです。その後の「micro avg」「macro avg」「waighted avg」は、それぞれマイクロ平均、マクロ平均、重み付き平均と呼ばれるもので、評価の指標として用意されています。マクロ平均(macro avc)が、いわゆる「平均」で、precision、recall、f1-scoreの平均です。その他のものは、平均の出し方が少し違うものと考えてましょう。これらの値をチェックすることで、どのぐらいの精度で予測ができるようになったかがわかります。

「precision」「recall」「f1-score」「support」というのは、それぞれ以下のような値になります。

表7-2 irisの品種ごとの結果の項目

precision	適合率。全体の中で正解を得られた割合。
recall	検出率。「Aだ」と判断した中で、実際にAだったものの割合。
f1-score	F値スコア。答えが「A」であるものの中で、「A」だと予測できたものの割合。
support	データ数。

最後が分類の結果です。予測用のデータが3つの品種それぞれ10個ずつ計30個だったとすると、予測結果は、例えば以下のようになります。この結果を元に、どの品種のデータがどれと間違いやすいか、などを知ることができます。

```
[[10  0  0]
 [ 0 10  0]
 [ 0  0 10]]
```

処理の流れを整理する

学習も、予測も案外簡単に実行できます。結果の表示は少しわかりづらいですが、あとは基本的にここまでやってきたことと同等です。

予測の正答率（スコア）は、accuracy_scoreという関数によって計算できます。第１引数には予測データの正解となるデータを、第２引数にはpredictで返された結果のデータをそれぞれ指定します。これにより、正解率を０～１の実数で返します。

```
accuracy_score( 正解データ , 予測結果 )
```

classification_reportでは、より詳しい実行結果を得られます。これは、得られる結果（irisデータの場合なら、setosa、versicolor、virginicaの３つの品種）についての精度やスコア、平均などの情報を整理して表示します。

```
classification_report( 正解データ , 予測結果 )
```

最後に予測結果がどのようなものかを２次元の行列データにまとめて返します。例えばirisの場合、品種は０～２の３つがあります。それぞれの品種ごとに、どの品種だと予測したかを行列にまとめます。

```
confusion_matrix( 正解データ , 予測結果 )
```

機械学習は手順を踏めば案外簡単にできます。SVC(C=数値 , gamma=数値)の引数を調整するなどして結果の出方を確認してみても面白いでしょう。

7-2 さまざまな学習モデルの利用

scikit-learnの学習モデル

scikit-learnには、さまざまな学習モデルが用意されています。英語ですが、公式サイトに例が公開されているので、そこから試すこともできます[*3]。

学習モデルには用途や向き不向きがあり、変更することで学習の効率や結果も変化します。ここではさまざまな学習モデルを使って、機械学習を試してみましょう。

＊3　https://scikit-learn.org/stable/auto_examples/index.html

Column

機械学習の知識

機械学習を使いこなすためには、当然機械学習について学ぶ必要があります。機械学習について、本質的な理解を得るためには、数学の汎用的な知識(微分積分や線形代数、行列などの初歩)が必要です。また、統計学の基本についても理解していることが望ましいでしょう。

本書では、あくまでもPythonプログラムの作成と実行を重視しているため、機械学習についての体系的な解説は行っていません。これらも含め、本書で紹介した技術のより本質的な知識については読者の皆さんが自身で学んでいってください。

K近傍法を試す

「K近傍法」と呼ばれるものを試します。K近傍法(K-NN、K-Nearest Neighbor Algorithm)は、データを整理し数値の近いものをグループとして整理し、そこから予測するための学習モデルです。sklearn.neighborsに「KNeighborsClassifier」というクラスとして用意されています。インスタンス作成は以下のように行います。

```
KNeighborsClassifier(n_neighbors=整数 )
```

引数はすべてオプションですが、K近傍法は数値の近いデータをいくつまでグループ化するかによって精度が変わってきます。このため、数値の近いデータをいくつまでグループ化するかを示す「n_neighbors」という引数は用意したほうがいいでしょう。整数で値を指定します。省略すると5が設定されます[*4]。

●――K近傍法の利用

K近傍法による学習と予測は以下のように行われます。リスト7-2で記述したスクリプト部分を、以下を参考に書き直してみましょう。なおデータの用意と結果の表示は、リスト7-1, 7-3をそのまま利用できます。実行すると、スコアが出力されます。より詳細なデータを表示したければ7-3を参照してください。

＊4　他の引数について興味があれば調べてください。https://scikit-learn.org/stable/modules/generated/sklearn.neighbors.KNeighborsClassifier.html

リスト7-4 K近傍法を実行する

```
from sklearn.datasets import load_iris
from sklearn.model_selection import train_test_split
# K近傍法
from sklearn.neighbors import KNeighborsClassifier
from sklearn.metrics import accuracy_score

iris = load_iris()
X_train, X_test, Y_train, Y_test = \
    train_test_split(iris.data, iris.target, test_size=0.25)

model = KNeighborsClassifier(n_neighbors=3) # ここ以外はSVMとだいたい同じ
model.fit(X_train, iris.target_names[Y_train])

pred = model.predict(X_test)

print(accuracy_score(iris.target_names[Y_test], pred))
```

ロジスティック回帰を試す

ロジスティック回帰は、回帰モデルの一種です。かなり単純化して説明すると、あるデータが0か1かという二分法で分類するための線を引き、その線引きを予測に使うような学習モデルです。

sklearn.linear_modelに「LogisticRegression」というクラスとして用意されています。ロジスティク回帰は2値分類に向いている技術ですが、3つ以上の分類にも使えます。

引数はすべてオプションであるため、引数なしでインスタンスを生成しても問題ありません。ただし、Cという引数の調整でスコアは大きく変化するため、これは用意して調整したほうが良いでしょう。また、multi_classという、分類の方式を示す引数も用意したほうが良いでしょう。これは'ovr', 'auto', 'multinomial'のいずれかの値になります。デフォルトでは'auto'が設定されています。また、solverは省略するとlbfgsに設定されますが、その際に警告が出ます。動作に問題はありませんが、極力引数指定しておきましょう。

```
LogisticRegression(C=実数, multi_class=値, solver='名前')
```

表7-3 LogsticRegressionの引数

C	正則化の係数。実数で指定
multi_class	分類の方式。'ovr', 'auto', 'multinomial'のいずれか
solver	最適解の探索方法。'lbfgs', 'liblinear', 'newton-cg,sag'のいずれかを指定

●——ロジスティック回帰モデルの利用

ロジスティック回帰モデルの生成から学習、予測を行ってみましょう。

リスト7-5 ロジスティック回帰を実行する

```
from sklearn.datasets import load_iris
from sklearn.model_selection import train_test_split
# ロジスティック回帰
from sklearn.linear_model import LogisticRegression
from sklearn.metrics import accuracy_score

iris = load_iris()
X_train, X_test, Y_train, Y_test = \
    train_test_split(iris.data, iris.target, test_size=0.25)

# 学習モデルの作成、ovrを実行
model = LogisticRegression(C=1.0, multi_class='ovr', solver='liblinear')
model.fit(X_train, iris.target_names[Y_train])

pred = model.predict(X_test)

print(accuracy_score(iris.target_names[Y_test], pred))
```

単純パーセプトロンを試す

パーセプトロンは、ニューラルネットワーク(Neural Network)の分野で使われています。ニューラルネットワークはディープラーニングの登場に寄与した技術、考え方です。生物の神経細胞(ニューロン Neuron)の仕組みを簡略化して模しています。

ここでは複数の層を並べない、単純パーセプトロンを使ってみましょう。sklearn.linear_modelに「Perceptron」という名前のクラスとして用意されています。今回も重要な引数だけ指定しています。max_iterは、演算の精度とかかる時間に直接影響してくるため指定すべきです。またtolも0.01〜0.2程度の値を設定し、scoreの値をチェックしながら増減していくと良いでしょう。

```
Perceptron(max_iter=整数, tol=実数 )
```

表7-4 Perceptronの引数

max_iter	探索の最大深度を整数で指定。
tol	演算のしきい値。

●——単純パーセプトロンの利用

単純パーセプトロンの生成から学習、予測までの流れを示します。実際に試すとわかりますが、そこまで精度が高くなりません。チューニングの余地はありますが、多層パーセプトロンを使ってみるほうが早いでしょう。

リスト7-6 単純パーセプトロンを実行する

```
from sklearn.datasets import load_iris
from sklearn.model_selection import train_test_split
# パーセプトロン
from sklearn.linear_model import Perceptron
from sklearn.metrics import accuracy_score

iris = load_iris()
X_train, X_test, Y_train, Y_test = \
    train_test_split(iris.data, iris.target, test_size=0.25)

# 学習モデルの作成
model = Perceptron(max_iter=1000, tol=0.2)
model.fit(X_train, iris.target_names[Y_train])
# 予測の実行
pred = model.predict(X_test)

print(accuracy_score(iris.target_names[Y_test], pred))
```

多層パーセプトロンを試す

多層パーセプトロンは、パーセプトロンを多層にし、「バックプロパゲーション(逆向き伝搬)」と呼ばれる手法を用いて学習結果が伝搬されるようにすることで、より高度な推論を可能にしたモデルです。単純パーセプトロンを組み合わせただけに思えますが、それよりも幅広い範囲で利用できるようになっています。ディープラーニングの基本的な例の1つと考えてください。

多層パーセプトロンは、sklearn.neural_networkに「MLPClassifier」というクラスとして用意されています。モデル作成の際には非常に多くの引数が用意されていますが、そのほとんどはオプションなのでインスタンスの作成は簡単です。

```
MLPClassifier(max_iter=整数 )
```

表7-5 MLPClassifierの引数

max_iter	探索の最大深度を整数で指定。デフォルトは200

max_iterは学習効率と演算にかかる時間に直接影響するので指定しておくべきでしょう。多層パーセプトロンの生成から学習、予測までの流れは以下のようになります。

リスト7-7 多層パーセプトロンを実行する

```
from sklearn.datasets import load_iris
from sklearn.model_selection import train_test_split
# モデルのインポート
from sklearn.neural_network import MLPClassifier
from sklearn.metrics import accuracy_score

iris = load_iris()
X_train, X_test, Y_train, Y_test = \
    train_test_split(iris.data, iris.target, test_size=0.25)

# 深度を1000に
model = MLPClassifier(max_iter=1000)
model.fit(X_train, iris.target_names[Y_train])
# 予測の実行
pred = model.predict(X_test)

print(accuracy_score(iris.target_names[Y_test], pred))
```

実行してみると、score:0.94〜1.0の範囲内ぐらいのスコアが表示されます。単純パーセプトロンに比べると、正解率が高いことがわかります。他にも引数で設定できるオプションが多数あるので、調整してみると面白いでしょう。多層パーセプトロンはディープラーニングの入口とも言える技術ですが、ここで紹介したような使い方ではメリットや仕組みはわかりづらいでしょう。本書では実際にディープラーニングライブラリのTensorFlowを後ほど用いる(「7-3 TensorFlowでディープラーニング」参照)ので、そこでディープラーニングの強力さを体験できます。

教師なし学習を試す

ここまでの学習モデルは、すべて教師データ持っており、それを用いて学習するものでした。教師あり学習です。機械学習においては教師データを持たない学習モデルも用意されています。

scikit-learnに用意されている教師なし学習向けの学習モデルには「KMeans(K-Means)」があります。これは「K平均法」と呼ばれるもので、データの特徴を分析し、データをいくつかのグループに分類するものです。このときのグループをクラスタと呼び、このようにデータをクラスタに分類することをクラスタリングと呼びます。

KMeansクラスは、sklearn.clusterに用意されています。

```
KMeans(n_clusters=整数 )
```

n_clustersは、生成するクラスタ数を指定する引数です。クラスタ数というのは、要するに「いくつに分類するか」を表すものと考えていいでしょう。例えば、学習データを3つのグループに分類するなら、n_clusters=3と設定しておけばいいわけですね。クラスタ数(分類する数)が正しくないとうまくグループ分けできないので、n_clusters引数を用意しておきましょう。

KMeansによるクラスタリング

KMeansでも基本的な処理の流れは「教師あり」とそれほど違いはありません。KMeanによるデータ予測の例を挙げておきます。irisを用いつつ、ラベルを使わない(教師データなし)というかたちで試してみましょう。

リスト7-8 KMeansを実行する

```
from sklearn.datasets import load_iris
# K-Means
from sklearn.cluster import KMeans

# ラベルを使わないのでiris.dataを適切に処理するだけでいい
iris = load_iris()

# データの学習
model = KMeans(n_clusters=3)
# データの予測と実際の分類をまとめて行う
result = model.fit_predict(iris.data)

# model.cluster_centers_ で各クラスタを代表する（基準となる）数値がわかる
# print(model.cluster_centers_)

# 結果を見る
print(result)
```

```
[0 0 0 0 0 0 0 0 0 0 0 0 0 0 0 0 0 0 0 0 0 0 0 0 0 0 0 0 0 0 0 0 0 0 0 0 0
 0 0 0 0 0 0 0 0 0 0 0 0 0 1 1 2 1 1 1 1 1 1 1 1 1 1 1 1 1 1 1 1 1 1 1 1 1
 1 1 1 2 1 1 1 1 1 1 1 1 1 1 1 1 1 1 1 1 1 1 1 1 1 1 2 1 2 2 2 2 1 2 2 2 2
 2 2 1 1 2 2 2 2 1 2 1 2 1 2 2 1 1 2 2 2 2 2 1 2 2 2 2 1 2 2 2 1 2 2 2 1 2
 2 1]
```

結果を見ると予測用のデータを「３つのクラスタのどれか(0〜2)」に分類できるようになったことがわかります。これは引数で指定したので当然ですね。ただ、ラベルはありません。これはプログラムがデータをもとに独自に起こした分類です。

そのため(irisならデータの突き合わせができますが)本来は結果をもとに、「なるほど、このクラスタは○○のことだな」と人間が判断する、ということなのです。

実は突き合わせてみると必ずしも正答率が高いとはいえないことがわかります。しかし、「このデータはどのクラスタに属するものか」という教師データを持たず、ただデータだけからクラスタリングを学習していることを思えば、これだけの精度で分類できるのはかなり驚くべきことではないでしょうか。

Column

機械学習の可視化

ここまで、機械学習ライブラリを実際に使ってきましたが、どういうふうに分けられているのかなどが可視化されず、実際にどういう動きをしているのかが少し分かりづらかったかもしれません。Pythonには先述のように強力なグラフ作成のライブラリなどもあるので、工夫すれば結果を出力する事もできます。

ただし、matplotlibや機械学習についての知識があやふやな時点で機械学習の結果を図示するコードを見ても何をしているのかほとんどわからないでしょう。そのため本書では最低限の動作に集中して機械学習を紹介してきました。scikit-learnの公式サイトでは充実したサンプルがあるのでこれらを参考に図示の仕方やmatplotlibの操作を学んでください。

サンプルの例

・https://scikit-learn.org/stable/auto_examples/linear_model/plot_iris_logistic.html#sphx-glr-auto-examples-linear-model-plot-iris-logistic-py

7-3 TensorFlowでディープラーニング

TensorFlowを準備する

機械学習ライブラリは、scikit-lean以外にもさまざまなものがあります。中でも、もっとも注目度が高いのは「TensorFlow[*5]」でしょう。Googleによって開発されたオープンソースの機械学習ライブラリです。TensorFlowはディープラーニング（深層学習）と呼ばれる技術を利用できるライブラリです。

TensorFlowのインストール

Navigatorを起動し、左側のリストから「Environment」をクリックして使用している仮想環境を選択します。そして上部の「Installed」と表示されたボタンをクリックし「All」を選択します。その右側の検索フィールドに「tensorflow」と入力し検索します。いくつかのものが検索されますが、「tensorflow」という名前のものをチェックして「Apply」ボタンでインストールします。標準Pythonの環境ならpip install tensorflowでインストールします。

Column

Anacondaは正式サポートされていない？

AnacondaでTensorFlowを利用する場合、留意しておきたいのは、「TensorFlowが正式サポートしている環境ではない」という点です。TensorFlowはpipのみを正式サポートしており、Anaconda（のパッケージ管理システムであるconda）は正式サポートしていません。

ただし、TensorFlow側から見て非公式ですが、Anacondaのパッケージ管理システムにもTensorFlowは用意されており、pipを利用した場合とほぼ同様に利用することができます。またAnacondaの開発元によれば、conda版はpip版よりも最大8倍高速に実行される[*a]とのことで、Anaconda版を利用する利点も大いにあります。

少なくとも学習目的であれば、Anacondaでも全く問題ないと考えていいでしょう。

＊a　https://www.anaconda.com/blog/developer-blog/tensorflow-in-anaconda/

＊5　https://www.tensorflow.org/

mnistデータセットを利用する

TensorFlowは、「Keras[*6]」というライブラリとセットで使われることが多いです。これはTensorFlowをバックグラウンドで利用する、オープンソースの使いやすい機械学習ライブラリです。TensorFlowによる機械学習を体験するには、このKerasを利用するのが一番わかりやすいでしょう。

Kerasは、現在のTensorFlowには標準で組み込まれているため、別途インストールする必要はありません。

●――mnistデータセットについて

機械学習を試すには、学習と予測のためのデータセットが必要です。scikit-learnでは、irisデータセットを利用しました。Kerasにも、いくつかのデータセットが用意されています。ここでは、「mnist」というデータセットを利用しましょう。

mnistは、機械学習で広く利用されているオープンソースの画像認識データセットです。これは、28 × 28pxの学習用イメージ60000と、予測用イメージ10000からなります。

用意されているイメージは、0～9の数字の手書き文字です。この手書き文字のイメージを学習することで、新たな手書きイメージに書かれている数字がいくつかを正確に予測できるようにします。

●――mnistデータのロードとセットアップ

mnistを利用するためには、データを読み込み、学習用と予測用のデータをそれぞれ変数に代入しておきます。

リスト7-9 mnistのデータを用意する

```
import tensorflow as tf # tensorflow
from tensorflow import keras # keras

mnist = keras.datasets.mnist # mnistはkerasから利用できる

# X_train, Y_train, X_test, Y_testに代入している
(X_train, Y_train),(X_test, Y_test) = mnist.load_data()
X_train, X_test = X_train / 255.0, X_test / 255.0
```

＊6 https://keras.io/

TensorFlowは、tensorflowというモジュールとして用意されています。Kerasは、tensorflow内にkerasというモジュールとして組み込まれています。これらを、importでインポートしておきます。

mnistデータセットは、keras.datasetsに用意されています。ここでは使いやすいように、mnist = keras.datasets.mnistとして変数mnistに取り出して利用しています。

データのロードは、mnistの「load_data」メソッドで行います。学習用のイメージデータと教師データ、予測用のイメージデータと教師データ(正解の値)で構成されています。load_dataは、以下のようにしてこれらの値を変数にまとめて代入します。

```
(X_train, Y_train),(X_test, Y_test) = mnist.load_data()
```

表7-6 各変数の役割

X_train	学習用のイメージデータ
Y_train	学習用の教師用データ
X_test	予測用のイメージデータ
Y_test	予測用の教師用データ(正解データ)

これらの変数を用いて学習と予測を行います。これらのデータは、numpyのリストの形でまとめられています。またイメージデータであるX_trainとX_testは、取得後、255で割って正規化(標準化)しておきます(イメージデータの値は最小値ゼロ、最大値255の範囲内であるため)。

Sequentialモデルを作成する

Kerasには、2種類の学習モデルが用意されています。学習用に多用されるのは、「Sequential」という学習モデルです。これは、データの入出力に関する「レイヤー」と呼ばれる層を積み重ねていくことでモデルを構築するものです。

```
tf.keras.models.Sequential( リスト )
```

もっとも単純なのは、各レイヤーのオブジェクトをリストにまとめたものを引数に指定してSequentialモデルを作成するやり方です。レイヤーには、様々なクラスが用意されていますが、ここではもっともよく用いられる以下の2つのレイヤーだけ覚えておきましょう。

表7-7 主なレイヤークラス

Flatten	入力を平滑化する(重要でないデータを取り除くなどしてパターンを見つけやすくするためのもの)
Dense	通常の全結合ニューラルネットワークレイヤー(ニューラルネットワークの個々のノードをすべてつなぎ合わせるタイプのレイヤー)

これらのインスタンスをリストにまとめたもの引数に指定してSequentialインスタンスを作成します。

Sequentialモデルの作成例

Sequentialモデルの作成例を見てみましょう。mnistデータを扱うための、必要最小限のレイヤーを持ったモデルを作成します。

リスト7-10 Sequentialモデルを試す

```
import tensorflow as tf # tensorflow
from tensorflow import keras # keras

mnist = keras.datasets.mnist # mnistはkerasから利用できる

# X_train, Y_train, X_test, Y_testに代入している
(X_train, Y_train),(X_test, Y_test) = mnist.load_data()
X_train, X_test = X_train / 255.0, X_test / 255.0

model = keras.models.Sequential([
    keras.layers.Flatten(input_shape=(28, 28)),
    keras.layers.Dense(10, activation=tf.nn.softmax)
])
```

keras.models.Sequentialの仕組み

もっとも基本的なモデルは、FlattenとDenseをレイヤーとして用意することで作成できます。Flattenはデータの平滑化という役割を担います。

```
keras.layers.Flatten(input_shape=(28, 28))
```

Denseでニューラルネットワークを作成します。activation=tf.nn.softmaxによりソフトマックス関数を指定し、ユニット数10でニューラルネットワークレイヤーを用意します。10は必要に応じて調整します。

```
keras.layers.Dense(10, activation=tf.nn.softmax)
```

ニューラルネットワークでは、個々のユニットに関数を設定し、それらを組み合わせて複雑な処理を行うようになっています。このユニットに設定される関数を「活性化関数」と呼びます。

Denseで指定しているactivation=tf.nn.softmaxが、ここで使っている活性化関数です。ここではsoftmaxという関数を指定しています。この他にも、Kerasにはたくさんの活性化関数が用意されていて、「どういう関数を使うか」「いくつユニットを用意するか」などをいろいろと設定していくことで、学習の精度などが調整されるようになっています。

モデルの学習を行う

モデルを使った学習の処理は、大きく3つの作業によって行われます。1つは「コンパイル」、そして「学習」の実行、最後に学習の「評価」です。順に説明しましょう。

コンパイル

```
model.compile( 引数 )
```

表7-8 用意される引数

optimizer	最適化アルゴリズム
loss	損失関数
metrics	評価関数のリスト

コンパイルは、「どのような学習処理を行うのか」を設定します。これはモデルのcompileメソッドで行います。引数はoptimizer, loss, metricsの3つを用意します。

モデルの学習

```
model.fit( 学習データ , 教師データ , epochs=整数 )
```

学習の実行は、モデルのfitメソッドで行います。epochsは処理回数(エポック)で、データセット全体に対する学習処理の最小単位となります。ここで指定した回数だけ処理と評価を行います。「指定した数だけ何度も学習を実行する」というわけです。

●———モデルの評価

```
model.evaluate( 学習データ , 教師データ )
```

学習の評価を行うものです。モデルの損失値と評価値(どれぐらい失われたか、どのぐらい正解が得られたか)を返します。これにより、どの程度の精度でデータを予測できるようになっているかがわかります。

●———モデル学習の例

リスト7-9で用意されたデータセットで、リスト7-10によるモデルを使って学習するサンプルを掲載します。

リスト7-11 エポックを1回に指定して実行する

```
import tensorflow as tf # tensorflow
from tensorflow import keras # keras

mnist = keras.datasets.mnist # mnistはkerasから利用できる

# X_train, Y_train, X_test, Y_testに代入している
(X_train, Y_train),(X_test, Y_test) = mnist.load_data()
X_train, X_test = X_train / 255.0, X_test / 255.0

model = keras.models.Sequential([
    keras.layers.Flatten(input_shape=(28, 28)),
    keras.layers.Dense(10, activation=tf.nn.softmax)
])

# モデルのコンパイル
model.compile(optimizer=tf.compat.v1.train.AdamOptimizer(),
    loss='sparse_categorical_crossentropy',
    metrics=['accuracy'])

# モデルの学習
model.fit(X_train, Y_train, epochs=1)
# モデルの評価
score = model.evaluate(X_test, Y_test)

print('accuracy:', score[1])
print('loss:', score[0])
```

ここでは、epochs=1として1回だけ学習処理を実行するようにしてあります。実行後、損失値と評価値を出力しています。実行すると、例えば以下のような出力が得られるでしょう(数値は異なる場合があります)。

```
accuracy: 0.9142
loss: 0.31016728124022486
```

これで、ほぼ9割程度の精度でイメージデータから数字を推測できるようになっていることがわかります。

予測を実行し結果を表示する

予測用のデータを用いて、実際にデータの予測を行う場合は、モデルのpredictメソッドを使います。predictにより、データから結果を推測し返します。一般に予測用データには多数のデータが収録されているので、戻り値は結果のリストとなります。

ただし、この結果は、推測した正解の値が返されるわけではありません。mnistの場合、イメージデータを推測した結果は、0〜9の各値である確率をそれぞれ数値で示したものとなります(つまり10個の実数値のリストになる)。その中で、もっとも数値の高いものが、もっとも高い確率のものとなります。

・予測の実行

```
model.predict( 予測用データ )
```

予測の実行と結果の表示

リスト7-9〜7-11で作成された学習モデルを使い、mnistの予測を行う例を挙げておきます。

リスト7-12 Kerasによる予測の実施と結果の表示

```
import numpy as np
import tensorflow as tf # tensorflow
from tensorflow import keras # keras

mnist = keras.datasets.mnist # mnistはkerasから利用できる

# X_train, Y_train, X_test, Y_testに代入している
(X_train, Y_train),(X_test, Y_test) = mnist.load_data()
```

```
X_train, X_test = X_train / 255.0, X_test / 255.0

model = keras.models.Sequential([
    keras.layers.Flatten(input_shape=(28, 28)),
    keras.layers.Dense(10, activation=tf.nn.softmax)
])

# モデルのコンパイル
model.compile(optimizer=tf.compat.v1.train.AdamOptimizer(),
    loss='sparse_categorical_crossentropy',
    metrics=['accuracy'])

# モデルの学習
model.fit(X_train, Y_train, epochs=1)
# モデルの評価 (accが正答率)
loss, acc = model.evaluate(X_test, Y_test)

print('loss:', loss)
print('accuracy:', acc)

# 予測の実行
predictions = model.predict(X_test)

# 結果の出力
for i in range(10):
    print("{} ([{}], {:0.1f}%)".format(np.argmax(predictions[i]), Y_test[i],
max(predictions[i])*100))
```

ここでは、predictでX_testのデータの予測を行い、最初の10個の結果(予測した値と実際の値、予測の確率)を出力します。実行すると、以下のような出力が得られるでしょう。各値は異なる場合があります。

```
7 ([7], 99.5%)
2 ([2], 96.7%)
1 ([1], 95.1%)
0 ([0], 99.8%)
4 ([4], 87.8%)
1 ([1], 98.0%)
4 ([4], 89.1%)
9 ([9], 89.5%)
6 ([5], 85.5%)
9 ([9], 92.9%)
```

最初の値が予測した値、その後の[]で括られたものが実際の値です。ほぼ正解が得られているはずですが、中には間違えたものもあるはずです。学習モデルのユニット数とfitのepochs回数をいろいろと調整して結果がどう変化するか確かめましょう。

ディープラーニングというと、とても難しい技術のように感じられますが、実行するだけなら簡単です。ここから実際に個々の課題に挑戦しようと思うと難しい部分もありますが、第一歩は踏み出せました。

fashion mnistデータセットを利用する

Kerasには、mnistの互換データセットとして「fashion mnist」というものも用意されています。これは、10種類のファッションアイテム(Tシャツ、パンツ、スニーカー、バッグなど)のイメージを学習用に6000、予測用に1000用意したものです。イメージの内容が異なるだけで、データセットとしてはmnistと完全互換です。

このfashion mnistは、keras.datasets.fashion_mnistとして用意されています。使い方はmnistと同様で、fashion_mnistのload_data関数を実行してデータをロードし利用します。

fashion mnistのデータセットをロードする例を挙げておきます。

リスト7-13 fashion mnistの利用

```
import tensorflow as tf
from tensorflow import keras

fashion_mnist = keras.datasets.fashion_mnist

(X_train, Y_train), (X_test, Y_test) \
    = fashion_mnist.load_data()

X_train,  X_test \
    = X_train / 255.0, X_test / 255.0
```

これで、学習用データX_train、予測用データX_testが用意されます。教師データは、それぞれY_trainとY_testになります。ただし、この教師データは、'Boot'などのアイテム名が入っているわけではなく、0〜9の整数でアイテムの種類を表しています。

fashion mnistの学習・予測を行う

fashion mnistの学習と予測を行ってみましょう。fashion mnistは、基本的にmnistと同じです。学習と予測も全く同じやり方で行えます。

リスト7-14 fashion mnistの学習と予測

```
import numpy as np
import tensorflow as tf
from tensorflow import keras

fashion_mnist = keras.datasets.fashion_mnist

(X_train, Y_train), (X_test, Y_test) \
    = fashion_mnist.load_data()

X_train,  X_test = X_train / 255.0, X_test / 255.0

model = keras.Sequential([
    keras.layers.Flatten(input_shape=(28, 28)),
    keras.layers.Dense(128, activation=tf.nn.relu),
    keras.layers.Dropout(0.25),
    keras.layers.Dense(10, activation=tf.nn.softmax)
])

model.compile(optimizer=tf.compat.v1.train.AdamOptimizer(),
    loss='sparse_categorical_crossentropy',
    metrics=['accuracy'])

model.fit(X_train, Y_train, epochs=10)
loss, acc = model.evaluate(X_test, Y_test)

print('loss:', loss, 'accuracy:', acc)

predictions = model.predict(X_test)

class_names = [
   'Tシャツ', 'パンツ',
   'プルオーバー', 'ドレス',
   'コート', 'サンダル',
   'シャツ', 'スニーカー',
   'バッグ', 'ブーツ']

for i in range(10):
```

```
    print("{}\t({}, {:0.1f}%)".format(class_names[np.argmax(predictions[i])],
        class_names[Y_test[i]], max(predictions[i])*100))
```

これを実行すると、学習処理を10回行い、その結果を出力します。また予測の実行後、最初の10個のデータの結果を出力します。

```
loss: 0.3308761472463608 accuracy: 0.8811

ブーツ  (ブーツ, 98.5%)
プルオーバー    (プルオーバー, 99.8%)
パンツ  (パンツ, 100.0%)
パンツ  (パンツ, 100.0%)
シャツ  (シャツ, 83.1%)
パンツ  (パンツ, 100.0%)
コート  (コート, 99.7%)
シャツ  (シャツ, 97.6%)
サンダル        (サンダル, 100.0%)
スニーカー      (スニーカー, 99.7%)
```

●――作成した学習モデルについて

学習モデルに4つのレイヤーを用意しました。それぞれ以下のような役割を果たしています。

input_shapeにより、28×28サイズでデータを平滑化します。

```
keras.layers.Flatten(input_shape=(28, 28))
```

新たに追加したレイヤーです。activation=tf.nn.reluにより、relu関数で活性化を行います。reluは指定のしきい値以下の値をゼロとする関数です。

```
keras.layers.Dense(128, activation=tf.nn.relu)
```

新たに追加されたレイヤーです。Dropoutは、更新時にランダムに入力ユニットを0とするもので、引数にその割合を指定します。過学習*7を防ぐのに有用です。

```
keras.layers.Dropout(0.25)
```

activation=tf.nn.softmaxによりソフトマックス関数で活性化を行うものです。

```
keras.layers.Dense(10, activation=tf.nn.softmax)
```

＊7 機械学習で学習用データにマッチするように誤った最適化が行われてしまうような状態

これらのレイヤーの引数を変更したり、レイヤーを削除するなどして学習効率がどう変化するか確かめてみましょう。

matplotlibで結果を表示する

イメージデータセットを利用した機械学習は、結果もイメージで表示されたほうがわかりやすいでしょう。matplotlibを利用すると、簡単にイメージをまとめて表示できます。fashion mnistの実行結果を表示する簡単な例を作成してみましょう。

●——予測結果と画像を出力する

matplotlibを使い、fashion mnistの予測結果をグラフ化してみましょう。ここでは、最初の10個のイメージと予測結果を一覧表示させる例を挙げておきます。

リスト7-15 fashion mnistの学習・予測と結果の表示

```
import matplotlib.pyplot as plt # 図示に用いる
import numpy as np
import tensorflow as tf
from tensorflow import keras
# macOSなどで警告表示時は下記2行のコメントを外して実行
# import os
# os.environ['KMP_DUPLICATE_LIB_OK']='True'

fashion_mnist = keras.datasets.fashion_mnist
(X_train, Y_train), (X_test, Y_test) \
    = fashion_mnist.load_data()
X_train, X_test = X_train / 255.0, X_test / 255.0

model = keras.Sequential([
    keras.layers.Flatten(input_shape=(28, 28)),
    keras.layers.Dense(128, activation=tf.nn.relu),
    keras.layers.Dropout(0.25),
    keras.layers.Dense(10, activation=tf.nn.softmax)
])

model.compile(optimizer=tf.compat.v1.train.AdamOptimizer(),
    loss='sparse_categorical_crossentropy',
    metrics=['accuracy'])

model.fit(X_train, Y_train, epochs=10)
loss, acc = model.evaluate(X_test, Y_test)
```

```
print('loss:', loss, 'accuracy:', acc)

predictions = model.predict(X_test)

# フォント出力の都合で英語表記に
class_names = [
    'T-shirt', 'Pants',
    'Pullover', 'Dress',
    'Coat', 'Sandal',
    'Shirt', 'Sneaker',
    'Bag', 'Boot']

for i in range(10):
    print("{}\t({}, {:0.1f}%)".format(class_names[np.argmax(predictions[i])],
        class_names[Y_test[i]], max(predictions[i])*100))
# 図示に用いる設定
cols,rows = 5, 2 # 列数
num_img = rows * cols # イメージの総数
plt.figure(figsize=(cols, rows)) # 図の設定
for i in range(num_img):
    plt.subplot(rows, cols, i + 1)
    pred_arr, label, img = \
        predictions[i], Y_test[i], X_test[i]
    plt.grid(False)
    plt.xticks([])
    plt.yticks([])
    plt.imshow(img, cmap=plt.cm.binary) # 画像表示

    pred_label = np.argmax(pred_arr)
    if pred_label == label:
        color = 'blue' # 予想と合致した場合は青
    else:
        color = 'red' # 合致しない場合は赤

    plt.xlabel("{} {:1.0f}% ({})"
        .format(class_names[pred_label],
            100*np.max(pred_arr),
            class_names[label]),
            color=color)

plt.show()
```

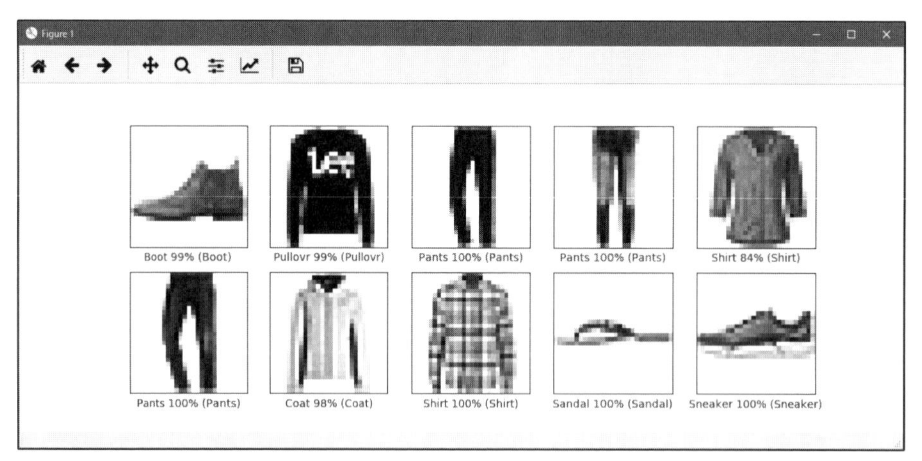

図7-2：fashion mnistの予測結果から最初の10個のイメージと予測した値、実際の値、確率をまとめて表示

●———処理の流れ

実行すると、10個のイメージと結果(予測した値、実際の値、確率)を5 × 2に並べて表示します。これはfigureというメソッドで表示する区画を設定します。

```
plt.figure(figsize=(cols, rows))
```

そして、forによる繰り返しを使い、plt.subplotでサブプロットを作成してその中にイメージとラベルを表示しています。

```
plt.subplot(rows, cols, i + 1)
```

まずsubplotを使って、引数に指定した一のサブプロットを用意します。そして、グリッド表示や縦横の罫線の目盛りなどを設定し、何もないまっさらな区画を用意しておきます。

```
plt.grid(False)
plt.xticks([])
plt.yticks([])
```

後は、ここにimshowメソッドでイメージを描くだけです。イメージは、X_testから取り出して設定します。

```
plt.imshow(img, cmap=plt.cm.binary)
```

これで、予測データのイメージを画面に表示することができます。あとはplotのxlabelという横軸のラベルに関するプロパティを使い、その項目の名前と予測率をテキストで表示しています。

matplotlibは、基本的にグラフを描くためのものですが、こんな具合にグラフの表示を取り除き、イメージを描画することで、グラフ以外のデータを表示させることもできます。

Column

ディープラーニングは簡単？

画像認識がこんなに簡単にできると、ディープラーニングは簡単に思えてきます。しかしながら実際にはなかなか難しい作業です。事前準備だけでも、自前で多量のデータを揃える必要がある、適切に画像を処理する必要がある（fashion mnistは同一サイズの画像で白黒が統一されていました）など手間がかかってしまいます。

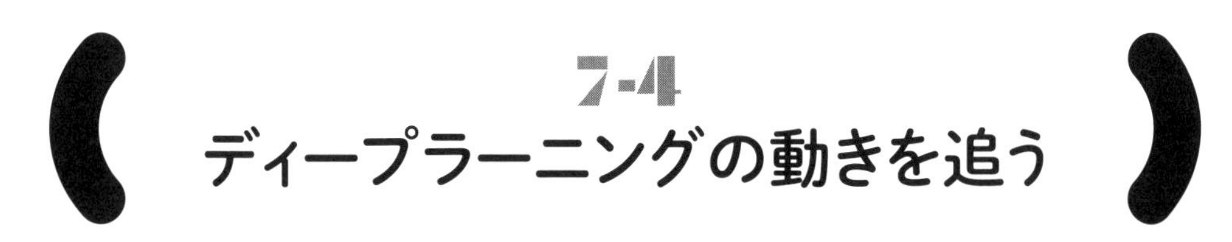

7-4 ディープラーニングの動きを追う

TensorBoardで可視化する

TensorFlowは、あらかじめ用意されているデータセットを利用するなら、基本的な処理の流れさえわかれば学習・予測を行わせることができるようになります。ただし、これらは「実際にどのぐらいきちんと学習し、予測できるようになったのか」がわかりにくいという問題があります。

ただ「動かしてみた、ちゃんと動いた」というだけならば問題ありませんが、機械学習についてきちんと勉強したい、というのであれば、どのように学習や予測が行われているのか、もう少しわかりやすくその状態をチェックできるようになってほしいでしょう。

TensorFlowは、TensorFlowで実行した内容をファイルに保存し、それを視覚化して表示する「TensorBoard」というツールを用意しています。これを利用することで、学習の施行状況を視覚的にチェックすることができます。

TensorBoardをインストールする

TensorBoardは「tensorboard」というパッケージとして用意されています。利用の際には、あらかじめパッケージをインストールしておく必要があります。

Anaconda利用の場合は、Navigatorの「Environment」で仮想環境を選択し、検索フィールドで「tensorboard」パッケージを検索しインストールしてください。pipならpip install tensorboardです。

fashion mnistをTensorBoard対応にする

TensorBoardなどに学習・予測の結果を利用する場合は、あらかじめ実行状況をログに出力するための仕組みをスクリプトに組み込んでおく必要があります。一例として、先に使ったfashion mnistのプログラム(リスト7-13〜15)にログ出力の処理を追加し、TensorBoardで実行状況をチェックできるようにしてみましょう。

リスト7-15のリストから、model.fitを用いた部分を変更します。

リスト7-16 TensorBoard対応のfashion mnist機械学習

```
import numpy as np
import tensorflow as tf
from tensorflow import keras
import os.path # Windows/macOS間でファイル名を適切に処理するのに必要

fashion_mnist = keras.datasets.fashion_mnist

(X_train, Y_train), (X_test, Y_test) \
    = fashion_mnist.load_data()

X_train, X_test = X_train / 255.0, X_test / 255.0

model = keras.Sequential([
    keras.layers.Flatten(input_shape=(28, 28)),
    keras.layers.Dense(128, activation=tf.nn.relu),
    keras.layers.Dropout(0.25),
    keras.layers.Dense(10, activation=tf.nn.softmax)
])

model.compile(optimizer=tf.train.AdamOptimizer(),
    loss='sparse_categorical_crossentropy',
    metrics=['accuracy'])
# TensorBoardを使うための定義、os.path.abspathでOSを問わずフォルダ名を利用
callback = keras.callbacks.TensorBoard( \
    log_dir=os.path.abspath("./tf_log/"), histogram_freq=1)
# model.fit時にcallbackからTensorBoardを呼び出す
model.fit(X_train, Y_train, \
    epochs=10, \
    callbacks=[callback], \
```

```
    validation_data=(X_test, Y_test))

loss, acc = model.evaluate(X_test, Y_test)

print('loss:', loss, 'accuracy:', acc)

predictions = model.predict(X_test)

class_names = [
    'Tシャツ', 'パンツ',
    'プルオーバー', 'ドレス',
    'コート', 'サンダル',
    'シャツ', 'スニーカー',
    'バッグ', 'ブーツ']

for i in range(10):
    print("{}\t({}, {:0.1f}%)".format(class_names[np.argmax(predictions[i])],
        class_names[Y_test[i]], max(predictions[i])*100))
```

●――TensorBoardの組み込み手順

ここで行っているのは、TensorBoardオブジェクトを作成しモデルに設定する作業です。まず、以下のようにしてTensorBoardオブジェクトを作成しています。

```
TensorBoard(log_dir=パス, histgram_freq=整数)
```

log_dirはログの出力先で、histgram_freqは活性化ヒストグラムの生成頻度を指定します。1は、すべてのエポックでヒストグラムのデータを生成します。histgram_freq=10とすれば、10エポックごとにデータが生成されます。

続いて、学習を行うmodel.fitに、いくつかの引数を追加します。

```
model.fit(学習データ, 正解データ, epochs=整数, callbacks=[《TensorBoard》], \
    validation_data=(予測データ, 正解データ))
```

「callbacks」には、作成したTensorBoardオブジェクトを配列の要素として設定しています。この他、「validation_data」という引数も追加しています。これはcallbacksにTensorBoardを設定すると必要となる値で、予測用に用意したX_testとY_testを引数に指定しておきます。

以上のように、TensorBoardで利用するための仕組みを用意するには、「TensorBoardオブジェクトを作成する」「fitメソッドにcallbacks, validation_data引数を追加する」という修正を行います。これだけで、必要なデータがログに出力されるようになります。

fasion mnistの学習をTensorBoardでグラフ化する

修正したスクリプトを実行すると、「tf_log」フォルダにログファイルが出力されるようになります。ファイルが保存されているのを確認し、TensotBoardを実行しましょう。

```
tensorboard --logdir=./tf_log/
```

これで「tf_log」のログファイルを読み込みグラフ化します。http://localhost:6006にアクセスをすると、「SCALARS」にはepoch_acc, apoch_lossといった項目が表示され、正解率と損失値の推移がグラフで表示されます。順調に学習が進み、正答率が上がり損失値が下がるのが確認できます。問題なくログが出力され、その情報をもとにグラフ表示が行えるようになっていることがわかるでしょう。

図7-3：SCALARSでepoch_accとepoch_lossのグラフを表示したところ。順調に学習が進んでいるのがわかる

●———ヒストグラムを見る

続いて、「HISTGRAMS」の表示を見てみましょう。ここにはいくつものヒストグラムが用意されています。ここでは以下のようなグラフが用意されています。

・**Dense（1つ目）のバイアス、カーネル、出力**
dense_1/bias_0, dense_1/kernel_0, dense_1/out

・**Dense（2つ目）のバイアス、カーネル、出力**
dense/bias_0, dense/kernel_0, dense/out

・**Dropoutの出力**
dropout_out

・**Flattenの出力**
flattern_out

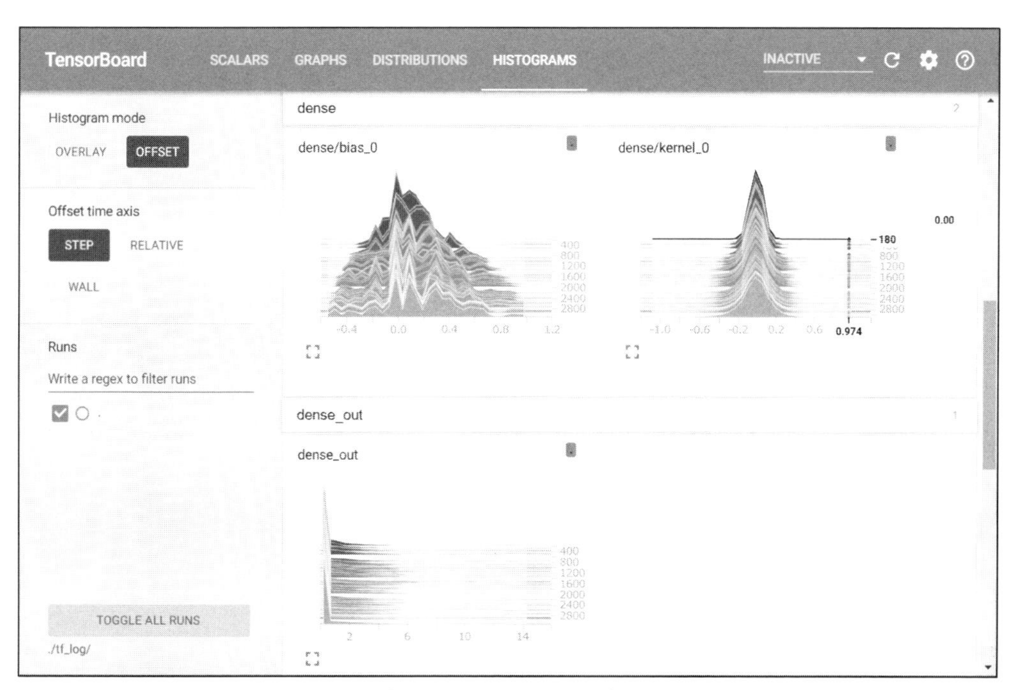

図7-4：denseのヒストグラム。手前に来るほどグラフが緩やかになっている

見ればわかるように、Sequentialで用意したレイヤーのヒストグラムが用意されています。Denseというのは、指定した活性化関数を使うレイヤーでした。これについては出力だけでなくバイアスとカーネルのグラフも作成されています。DropoutやFlattenについては出力のグラフのみが用意されます。

Sequentialで最後に追加されているDenseレイヤーの状況を「dense/bias_0」「dense/kernel_0」「dense/out」で見てみましょう。グラフの一番奥にあるものが最初のエポックで、一番手前が最後のエポックになります。学習が進むに連れ、バイアスとカーネルの値が緩やかになっていくのがよくわかります。

このように、TensorBoardを組み込んでfitを実行することで、実行の状況を簡単に視覚化することができます。組み込み作業は簡単なスクリプトを追加するだけですから、自作のスクリプトを視覚化することもそれほど難しくはないでしょう。

Column

人気の機械学習ライブラリ

本書で紹介した以外にも機械学習やディープラーニングには人気のあるライブラリがいくつかあります。PyTorch*[a]、xgboost*[b]、LightGBM*[c]、Chainer*[d]などは日本語の紹介記事も多くあります。

Chainerは日本企業発のライブラリです。日本語情報が充実しているので、自信のある方はChainerでの機械学習に挑戦してもいいでしょう。

＊a　https://pytorch.org/
＊b　https://github.com/dmlc/xgboost
＊c　https://github.com/microsoft/LightGBM
＊d　https://tutorials.chainer.org/ja/

Column

Anacondaをアンインストールする

最後に、Anacondaを利用後にアンイストールする方法を解説します。

Windowsの場合

通常のプログラム（アプリケーション）とアンインストール方法は同じです。Windows 10なら、アプリと機能から通常のアプリと同じくアンインストールします。

アンインストール後にホームフォルダーに「Anaconda3」や「.anaconda」フォルダーが残っていることがあります。これらも削除してしまって問題ありません。Windowsのスタートメニューにショートカットが残ってしまう場合などは、手動でスタートメニューからショートカットを削除します。

macOS/Linuxの場合

conda-cleanというツールを使って削除します。ターミナルなどで下記コマンドを実行します。

```
conda install anaconda-clean
anaconda-clean --yes
```

削除後には、.bash_profileなどのbashの設定ファイルからanacondaのPATHを指定している部分を削除します。

Column

ディープラーニングとGPU

ディープラーニングをパソコンで行ったときに気になるのがかなり実行時間がかかることです。ディープラーニングはその仕組み上、計算量がとてつもなく大きくなります。CPU上で実行しようとすると時間がかかってしまうケースが多いです。そこで活用されるのがGPUです。

GPU（Graphics Processing Unit）とはコンピューター上でグラフィック描画に用いられるパーツです。3Dゲームをパソコン上でプレイするときなどに活用されています。NVidiaの展開するGeForceシリーズなどが有名です。

GPUはCPUと同じく計算能力を有するパーツです。CPUとは得意な分野（用途）が異なり、GPUはディープラーニングなどで必要となる計算能力が高いのが特徴です。計算能力の高さから、GPUを用いるようにすると、ディープラーニングの実行速度が向上します。

TensorFlowもGPUを利用可能です。対応するGPUを載せていること、ドライバの導入ができていることなどややハードルは高いですが興味のある人は調査してみると面白いでしょう。

- **https://www.tensorflow.org/install/gpu**

上述のサイトにはpipでの利用方法しか記載されていませんが、Anacondaでもtensorflo-gpu[*a]というパッケージが利用できます。

＊a　https://anaconda.org/anaconda/tensorflow-gpu

Column

ディープラーニングとクラウド

ディープラーニングを高速に実行する環境をクラウドで構築しようという試みもあります。GPUを常に使うことはないので、クラウドで手配できればコスト減ができ手軽という発想から人気があります。Amazon Web ServicesやGoogle Cloud Platformなどのクラウドプロバイダーにもディープラーニング向けのサービスが存在しますが、手軽に使えるGoogle Colaboratory（通称colab）を紹介します。colabはGoogleが公開しているJupyeter Notebookをクラウドで実行できるサービスです。このサービスでは無料でGPU/TPU[*a]を利用できます。気軽に実行できるので試してみると面白いです。

- Google Colaboratory https://colab.research.google.com/

＊a　Tensor Processing Unit。Googleが開発している機械学習向けのパーツ。

Column

Pythonで自動実行

本書ではPythonのプログラムそのものに集中し、周辺知識については限定的な紹介にとどめてきました。ここまで紹介しなかった重要な周辺知識の1つにプログラムの自動実行があります。Pythonでプログラムを書いていると手動実行だけでなく、自動で実行したくなるケースが出てきます。月ごとにExcelから情報を集計したり、パソコンの起動時にインターネットの情報を取得したりといった処理ができるとプログラムの使い勝手が大幅に良くなります。Chapter 4を中心にPythonで業務効率化できるような技術を数多く紹介してきました。創意工夫して組み合わせるとかなり便利になります。詳細な使い方までは解説しませんが、各OSごとにどういった技術があるのか見ていきましょう。

Windowsの場合

Windowsで自動実行に重要なのは起動時に実行される「スタートアップ」と、実行間隔やタイミングを柔軟に設定できる「タスクスケジューラ」機能です。

スタートアップは特定のディレクトリに実行したいファイルを置くだけとかなりシンプルな仕組みです。

タスクスケジューラはWindowsの自動実行に関する機能がまとまったソフトウェア（システム）です。やや設定は複雑ですがかなり柔軟に実行条件を設定でき、本格的に自動実行プログラムをつくるには欠かせない技術です。

パソコンの電源がオフだと自動実行はされないので、その点は注意しましょう。

macOSの場合

macOSでの自動実行についてはシステム起動時に使える「ログイン項目」と、もう少し柔軟に設定できる「launchd」がよく使われます。

ログイン項目はWindowsのスタートアップと同じくあまり複雑な機能は設定できません。

launchdはGUIで設定を編集するのではなく設定ファイルを作成して自動実行を行うというもので、あまり使いやすくはありません。launchdはそこまで実行時設定が直感的ではなく、柔軟性もあまり高くないため、iCal(カレンダーアプリ)による日時指定実行などもmacOSでは用いられます。

自動実行関連ツールとして「Automator」というツールがmacOSにデフォルトで含まれています。

Linuxの場合

本格的にプログラミングをしようと思うと常時実行できるサーバーが必要になることがあります。サーバーOSとして人気があるのがLinuxです。Linuxにもプログラム自動実行の仕組みが備わっています。cronが最も使われている自動実行システムで、近年はsystemd-timerも人気です。社内に構築したサーバーで毎日一定の時間に処理をするようなケースではcronを知っていると便利です。

Column

Python 2とPython 3

Pythonは互換性に課題があったため、Python 2とPython 3というバージョン間で移行が難航し、2と3がどちらも用いられてきた歴史があります。ただし、Python 2の公式なサポートは2020年に打ち切られることが決定しており、大幅なユーザー数の減少を続けています。また、主要なシステムではPython 3への移行に成功しています。本書でもAnacondaでPython 3を用いました。

おわりに

本書で取り上げたのは、「Pythonでできること」のごく基本的な部分に過ぎません。Pythonには膨大なパッケージがあり、それらを活用することでさまざまなことが行なえます。本書で紹介したそれぞれのジャンルは探求すればまだまだ学ぶことがたくさんあります。

Pythonはデスクトップだけでなく、サーバーサイドでも活用されています。本書で取り上げたFlaskや、Djangoといったフレームワークが多用されています。次のステップとしてサーバーサイドでPythonを動かすのも面白いでしょう。

さらにデスクトップやサーバーだけでなくiPhoneやAndroid用のPythonが動かせるアプリも登場し、スマートフォンの中でPythonが使えます。学ぶ環境、動かす環境は充実しています。

Pythonの活躍の舞台はどんどん広がっています。これより先は、自分が「これはやってみたい！」と思う分野について調べ、学んでいってください。

参考文献

- 『かんたん Python』
  掌田津耶乃著／技術評論社／2018年／ISBN 9784774195780
- 『Python フレームワーク Flaskで学ぶWebアプリケーションのしくみとつくり方』
  掌田津耶乃著／ソシム／2019年／ISBN 9784802612241
- 『Pythonではじめる機械学習 ―scikit-learnで学ぶ特徴量エンジニアリングと機械学習の基礎』
  Andreas C. Muller、Sarah Guido著 中田秀基訳／オライリージャパン／2017年／ISBN 9784873117980
- 『データ分析ツールJupyter入門』
  掌田津耶乃著／秀和システム／2018年／ISBN 9784798054766
- 『入門 Python 3』
  Bill Lubanovic著 斎藤康毅監訳 長尾高弘訳／オライリージャパン／2015年／ISBN 9784873117386
- 『退屈なことはPythonにやらせよう ―ノンプログラマーにもできる自動化処理プログラミング』
  Al Sweigart著 相川 愛三訳／オライリージャパン／2017年／ISBN 9784873117782
- 『データサイエンティスト養成読本 機械学習入門編』
  比戸将平、馬場雪乃、里洋平、戸嶋龍哉、得居誠也、福島真太朗、加藤公一、関喜史、阿部厳、熊崎宏樹著／技術評論社／2015年／ISBN 9784774176314
- 『Pythonクローリング＆スクレイピング［増補改訂版］-データ収集・解析のための実践開発ガイド』
  加藤耕太著／技術評論社／2019年／ISBN 9784297107383

索引

あ行

か行

さ行

た行

著者略歴

掌田津耶乃 SYODA Tuyano

プロフィール

日本初のMac専門月刊誌「Mac+」の頃から主にMac系雑誌に寄稿する。ハイパーカードの登場により「ビギナーのためのプログラミング」に開眼。以後、Mac、Windows、Web、Android、iPhoneとあらゆるプラットフォームのプログラミングビギナーに向けた書籍を執筆し続ける。

近著：

「PythonではじめるiOSプログラミング」(ラトルズ)
「Web開発のためのMySQL超入門」(秀和システム)
「PythonフレームワークFlaskで学ぶWebアプリケーションのしくみとつくり方」(ソシム)
「PHPフレームワークLaravel実践開発」(秀和システム)
「見てわかるUnity2019 C#スクリプト超入門」(秀和システム)
「Angular超入門」(秀和システム)
「サーバーレス開発プラットフォームFirebase入門」(秀和システム)
「これからはじめる人のプログラミング言語の選び方」(秀和システム)

著書一覧：

http://www.amazon.co.jp/-/e/B004L5AED8/

筆者運営のWebサイト：

https://www.tuyano.com

ご意見・ご感想(質問は技術評論社まで)：

syoda@tuyano.com

装丁・本文デザイン……………… 西岡裕二
組版・図版制作…………………… BUCH+
編集……………………………… 野田大貴

つくってマスターPython（パイソン）
機械学習（きかいがくしゅう）・Web（うぇぶ）アプリケーション・スクレイピング・文書処理（ぶんしょしょり）ができる!

2019年11月29日　初版　第1刷発行
2020年10月16日　初版　第2刷発行

著者……………………………… 掌田津耶乃（しょうだつやの）

発行者…………………………… 片岡 巌

発行所…………………………… 株式会社技術評論社
東京都新宿区市谷左内町21-13
電話　03-3513-6150　販売促進部
　　　03-3513-6177　雑誌編集部

印刷／製本……………………… 昭和情報プロセス株式会社

ISBN: 978-4-297-11034-5 C3055
Printed in Japan

●お問い合わせ
ご質問は本書記載の内容のみとさせていただきます。本書の内容以外のご質問にお答えできません。お問い合わせはFAX、書面、Webサイト問い合わせフォームでのみ受け付けております。お電話では受け付けていません。

〒162-0846
東京都新宿区市谷左内町21-13
株式会社技術評論社　雑誌編集部
『つくってマスターPython』係
FAX 03-3513-6173
Web https://gihyo.jp/site/inquiry/book